普通高等教育"十四五"计算机类专业系列教材

数字图像处理与分析

李　旭　韩清华　陈　军◎主　编
施明登　陈文绪　曹洪武◎副主编

中国铁道出版社有限公司
CHINA RAILWAY PUBLISHING HOUSE CO., LTD.

内 容 简 介

本书系统性地讲解了数字图像处理的基础理论、技术方法和应用领域，通过对数字图像处理的基础知识和核心算法进行论述，为读者奠定理论基础。在图像处理的基础上，详细讨论图像分割的原理和方法，同时对图像处理中常用的正交变换进行分析，介绍相应处理方法，进一步深入探讨图像增强的技术和方法，对图像复原的原理和方法进行阐释。详细论述了图像编码与压缩的原理和方法，重点关注深度学习在农业图像处理中的应用，以苹果叶片病害识别检测为例进行案例分析。

本书以系统性、实用性和案例引领为特色，旨在帮助读者全面理解数字图像处理的基本原理和方法，具备一定的实际操作能力，适合作为"数字图像处理与分析"等相关课程的教材或参考书，也可供从事相关领域研究和实践的读者参考。

图书在版编目（CIP）数据

数字图像处理与分析 / 李旭，韩清华，陈军主编. 北京 : 中国铁道出版社有限公司，2024. 12. --（普通高等教育"十四五"计算机类专业系列教材）. -- ISBN 978-7-113-31668-6

Ⅰ. TN911.73

中国国家版本馆 CIP 数据核字第 2024TB6827 号

书　　名：	数字图像处理与分析
作　　者：	李　旭　韩清华　陈　军

策　　划：	陆慧萍	编辑部电话：	（010）63549508
责任编辑：	陆慧萍　李学敏		
封面设计：	刘　颖		
责任校对：	苗　丹		
责任印制：	赵星辰		

出版发行：中国铁道出版社有限公司（100054，北京市西城区右安门西街8号）
网　　址：https://www.tdpress.com/51eds
印　　刷：河北宝昌佳彩印刷有限公司
版　　次：2024年12月第1版　2024年12月第1次印刷
开　　本：787 mm×1 092 mm　1/16　印张：13.5　字数：327 千
书　　号：ISBN 978-7-113-31668-6
定　　价：39.50 元

版权所有　侵权必究

凡购买铁道版图书，如有印制质量问题，请与本社教材图书营销部联系调换。电话：（010）63550836
打击盗版举报电话：（010）63549461

前 言

随着科技的飞速发展,数字图像处理与分析技术在众多领域发挥着越来越重要的作用,如遥感、医疗、安防、工业自动化等,展现出极为广泛的应用前景。我国政府高度重视这一技术的发展,将其视为国家战略性新兴产业的重要组成部分。作为一门交叉学科,数字图像处理与分析融合了计算机科学、电子工程、数学、物理学等多个领域的知识,其重要性不言而喻。然而,我国在数字图像处理与分析领域的人才培养方面仍存在不足,特别是在高校和科研院所中,缺乏一本高质量的实用且系统的教材来满足相关专业师生的需求,为了填补这一空白,我们精心编写了《数字图像处理与分析》这本教材。本书从基础知识讲起,逐步深入,帮助读者建立起数字图像处理与分析的完整知识体系。在内容编排上,本书不仅系统性介绍了数字图像处理基础理论、技术方法和应用场景,还特别就相应处理方法在农业领域的实际应用案例进行了阐释和分析,进一步拓宽了读者的视野。通过本书的学习,读者可以从理论到实践,逐步掌握数字图像处理的基本知识和技术,提升在数字图像处理领域的专业技能,这可以为未来在数字图像处理领域的研究和工作奠定坚实的基础。

本书编者对数字图像处理领域的基础理论和前沿技术进行了深入调研和分析,结合自身的教学经验和实践成果,将复杂的概念和技术以简洁清晰的语言进行了阐释和解释,确保了内容的易读性和实用性。编写严格遵循学术规范,力求在专业性和实用性之间取得平衡,致力使本书成为一本既有理论深度又有实践价值的数字图像处理领域的参考书。总体来说,与同类书相比,本书在内容安排上更加系统和全面,结合了数字图像处理领域的前沿技术和实践应用,既注重理论的讲解,又强调实践操作和案例分析,更加贴近实际教学和工作需求。虽然本书的相关内容总体较为基础,但学习本书的读者如果能够具备一定的数学基础,包括高等数学、线性代数和概率论等知识,同时具备一定的计算机基础知识和编程能力,将能够取得更好的学习效果。

全书共8章,第1、2章系统论述了数字图像处理的基础知识和核心算法,为后续章节打下坚实的理论基础。第3章深入剖析了图像分割和边缘检测等关键技术,这些都是图像处理中的重要环节。第4章详细阐述了正交变换等高级主题,展现了数字图像处理领域的深度和广度。第5章从实际应用出发,详细论述了数字图像处理在图像增强方面的案例和解决方案,体现了理论与实践的紧密结合。第 6 章对图像复原的各项工作进行了详细描述,不仅展示了图像处理技术的发展,也体现了其应用的广泛性。第 7 章对图像编码压缩的理论与实践进行了全面的阐述,这是图像处理领域的重要研究方向之一。第 8 章为基于深度学习的智能图像识别系统的技术分析与案例应用。

本书特色如下:

①系统性:每章通过系统的编排和清晰的结构,确保知识的系统性和连贯性,使读者可以逐步深入了解数字图像处理的各个方面。

②实用性:注重理论与实践相结合,通过大量的案例与实践操作,帮助读者将理论知识应用到实际问题中去。

③案例引领:围绕着数字图像处理的不同主题,精选案例,通过案例展开理论阐述、方法介绍、实践操作与案例分析,加强对知识的理解和内化,提高分析问题、解决问题的能力。

本书可以根据不同的教学需求进行灵活安排,建议在教学过程中以章节为单位进行介绍,同时在相应章节的介绍中可以结合后续的相关实例,使教学过程更加有趣,教学内容更加丰富。在实际教学中建议设置理论讲解、案例分析和实践操作等环节,以促进学生的理解和实践能力的提升。本书适合学习"数字图像处理与分析"相关课程的本科生,涉及智慧农业、农业信息化方向、园艺信息化方向等方向的本科生与研究生,以及从事相关领域研究和工作的技术人员阅读使用,也可供教师作为教学参考资料。

本书是集体智慧的结晶,编写团队由李旭、韩清华、陈军、施明登、陈文绪、曹洪武等共同完成。在本书的编写过程中,研究生胡立俊、王麒、赵文博、刿宁、王庆、邬竞明等参与了数据的搜集和代码的整理工作,他们的贡献为本书的完成提供了重要支持。同时,本书的编写还参考了大量的数字图像处理领域的经典教材、学术论文和实践案例,汲取了很多同仁的宝贵经验,在此表示诚挚感谢。

限于编者的水平和经验,书中疏漏与不足之处在所难免,敬请广大读者批评指正。

编　者

2024 年 8 月

目 录

第1章 绪论 … 1

1.1 图像、像素及数字图像处理概述 … 2
- 1.1.1 图像和数字图像 … 2
- 1.1.2 像素 … 3
- 1.1.3 数字图像处理的分类 … 4

1.2 数字图像处理发展简史 … 5

1.3 数字图像处理 … 5
- 1.3.1 数字图像处理的目的 … 5
- 1.3.2 数字图像处理的任务 … 6
- 1.3.3 数字图像处理的特点 … 6

1.4 数字图像处理的应用领域 … 7

1.5 数字图像处理的环境配置 … 8
- 1.5.1 Python 开发环境配置 … 8
- 1.5.2 OpenCV 安装配置 … 11

1.6 Python 基础 … 12
- 1.6.1 基础语法和数据类型 … 12
- 1.6.2 控制流程 … 13
- 1.6.3 函数 … 14

小结 … 15
思考与练习 … 16

第2章 数字图像处理基础 … 17

2.1 图像数字化的基本过程 … 18
- 2.1.1 采样 … 18
- 2.1.2 量化 … 19
- 2.1.3 编码 … 20

2.2 数字图像的显示 … 20
- 2.2.1 图像读取 … 20
- 2.2.2 图像显示 … 22
- 2.2.3 图像输出 … 22

2.3 色度学基础与颜色模型 … 22
- 2.3.1 波长、光强、颜色、亮度 … 22
- 2.3.2 人眼、三原色 … 23
- 2.3.3 色度图 … 23
- 2.3.4 波长和颜色 … 23
- 2.3.5 RGB 模型显示器 … 24
- 2.3.6 互补色、色相环 … 25
- 2.3.7 常用颜色模型 … 25

2.4 灰度直方图 … 26
- 2.4.1 灰度直方图的概念 … 27
- 2.4.2 构建灰度直方图的方法 … 28
- 2.4.3 灰度直方图的应用 … 29

2.5 图像文件格式 … 31
- 2.5.1 JPEG … 32
- 2.5.2 PNG … 32
- 2.5.3 GIF … 33
- 2.5.4 BMP … 33
- 2.5.5 TIFF … 34
- 2.5.6 WEBP … 34
- 2.5.7 SVG … 35
- 2.5.8 图像文件格式的选择与应用 … 35

2.6 图像的基本运算 … 36
- 2.6.1 加法运算 … 36
- 2.6.2 减法运算 … 37
- 2.6.3 乘法运算 … 37
- 2.6.4 除法运算 … 37
- 2.6.5 阈值运算 … 37
- 2.6.6 图像基本运算的综合应用 … 38

小结 … 39
思考与练习 … 39

实训 ·········· 40

第3章 图像分割 ·········· 42

3.1 像素的邻域和连通性 ·········· 43
- 3.1.1 像素的邻域 ·········· 43
- 3.1.2 像素的连通性 ·········· 45

3.2 图像分割处理 ·········· 46

3.3 图像的阈值分割技术 ·········· 47
- 3.3.1 全局阈值分割 ·········· 47
- 3.3.2 局部阈值分割 ·········· 49
- 3.3.3 自适应阈值分割 ·········· 50
- 3.3.4 双峰图像分割 ·········· 51
- 3.3.5 多阈值分割 ·········· 52
- 3.3.6 颜色阈值分割 ·········· 54

3.4 图像的边缘检测 ·········· 55
- 3.4.1 Sobel 算子 ·········· 55
- 3.4.2 Canny 边缘检测 ·········· 58
- 3.4.3 拉普拉斯边缘检测 ·········· 59
- 3.4.4 基于小波变换的图像边缘检测 ·········· 60
- 3.4.5 深度学习方法 ·········· 61

3.5 霍夫变换 ·········· 62
- 3.5.1 霍夫变换原理 ·········· 63
- 3.5.2 霍夫变换应用于线检测 ·········· 63
- 3.5.3 霍夫变换应用于圆检测 ·········· 65

3.6 区域生长法 ·········· 69
- 3.6.1 区域生长法的历史与基本原理 ·········· 69
- 3.6.2 区域生长法的应用 ·········· 69

小结 ·········· 72
思考与练习 ·········· 72
实训 ·········· 74

第4章 图像处理中的正交变换 ·········· 77

4.1 傅里叶变换 ·········· 78
- 4.1.1 傅里叶变换的历史和基本原理 ·········· 78
- 4.1.2 时域与频域 ·········· 80
- 4.1.3 傅里叶级数 ·········· 81
- 4.1.4 傅里叶变换和逆变换 ·········· 81
- 4.1.5 频谱分析 ·········· 82
- 4.1.6 离散傅里叶变换 ·········· 82

4.2 离散余弦变换 ·········· 83
- 4.2.1 DCT 的类型 ·········· 83
- 4.2.2 JPEG 压缩 ·········· 84
- 4.2.3 视频编解码 ·········· 85

4.3 沃尔什变换 ·········· 86
- 4.3.1 基本概念 ·········· 86
- 4.3.2 应用领域 ·········· 86
- 4.3.3 快速沃尔什变换 ·········· 87
- 4.3.4 二进制序列的处理 ·········· 87
- 4.3.5 傅里叶变换的关系 ·········· 88

4.4 哈尔函数及哈尔变换 ·········· 89
- 4.4.1 哈尔函数 ·········· 89
- 4.4.2 哈尔变换 ·········· 90
- 4.4.3 应用领域 ·········· 95

4.5 斜矩阵与斜变换 ·········· 96
- 4.5.1 斜矩阵 ·········· 96
- 4.5.2 斜变换 ·········· 99

4.6 小波变换 ·········· 100
- 4.6.1 小波变换概念 ·········· 100
- 4.6.2 离散小波变换 ·········· 101
- 4.6.3 小波基函数 ·········· 102
- 4.6.4 连续小波变换 ·········· 104
- 4.6.5 小波包变换 ·········· 106

小结 ·········· 108
思考与练习 ·········· 109
实训 ·········· 110

第5章 图像增强 ·········· 113

5.1 概述 ·········· 114

5.2 用直方图修改技术进行图像增强 ·········· 114
- 5.2.1 直方图均衡化 ·········· 115
- 5.2.2 直方图规定化 ·········· 117

5.3 图像平滑化处理 ·········· 118

5.3.1 平滑化的目的和作用 …… 118
5.3.2 常用的平滑化方法 …… 118
5.3.3 平滑化处理的应用 …… 119
5.3.4 平滑化技术的考虑因素 …… 120
5.4 图像尖锐化处理 …… 120
5.4.1 尖锐化处理的目的和重要性 …… 120
5.4.2 图像尖锐化技术的核心原理 …… 121
5.4.3 使用尖锐化处理的典型情况 …… 121
5.4.4 尖锐化处理中的考虑因素 …… 122
5.5 利用同态系统进行增强处理 … 123
5.5.1 同态滤波器的设计 …… 123
5.5.2 同态滤波器的实现 …… 123
5.5.3 同态系统在图像增强中的应用 …… 124
5.5.4 利用同态系统进行增强处理的实验 …… 124
5.6 彩色图像处理 …… 126
5.6.1 RGB 模型 …… 126
5.6.2 CMY 和 CMYK 模型 …… 126
5.6.3 HSI 彩色模型 …… 126
5.6.4 伪彩色图像处理 …… 128
5.6.5 全彩色图像处理 …… 130
5.6.6 彩色变换 …… 130
小结 …… 131
思考与练习 …… 132
实训 …… 133

第6章 图像复原 …… 134

6.1 图像退化原因与复原技术分类 …… 135
6.1.1 图像退化 …… 135
6.1.2 图像复原 …… 136
6.2 逆滤波复原 …… 138

6.2.1 逆滤波复原概念 …… 138
6.2.2 逆滤波复原过程 …… 138
6.2.3 逆滤波复原实例 …… 138
6.3 约束复原 …… 139
6.3.1 约束复原概念 …… 139
6.3.2 约束复原过程 …… 139
6.3.3 约束复原实例 …… 139
6.4 非线性复原 …… 140
6.4.1 非线性复原概念 …… 140
6.4.2 非线性复原方法 …… 140
6.4.3 非线性复原实例 …… 141
6.5 盲图像复原 …… 142
6.5.1 盲图像复原概念 …… 142
6.5.2 盲图像复原过程 …… 142
6.5.3 盲图像复原实例 …… 143
6.6 几何失真校正 …… 143
6.6.1 几何失真的概念 …… 144
6.6.2 基于多项式变换的几何校正方法 …… 144
6.6.3 灰度内插方法及其特点 … 146
6.7 图像复原应用 …… 148
6.7.1 自然图像复原应用 …… 148
6.7.2 人工图像复原应用 …… 149
小结 …… 149
思考与练习 …… 150
实训 …… 151

第7章 图像编码与压缩 …… 153

7.1 概述 …… 154
7.1.1 图像编码 …… 155
7.1.2 图像压缩 …… 155
7.2 统计编码 …… 158
7.2.1 统计编码概述 …… 158
7.2.2 统计编码方法 …… 159
7.3 预测编码 …… 162
7.3.1 预测编码定义 …… 162
7.3.2 预测编码原理 …… 162
7.3.3 预测编码分类 …… 163

7.3.4 图像信号的预测编码 …… 164
7.3.5 活动图像的帧间预测编码 …… 165
7.3.6 具有运动补偿的帧间预测 …… 165
7.4 变换编码 …… 166
　7.4.1 变换编码的基本原理 …… 167
　7.4.2 变换编码的基本方法 …… 167
　7.4.3 变换编码的优势 …… 167
　7.4.4 变换编码的应用 …… 168
7.5 二值图像编码 …… 168
　7.5.1 二值图像编码的基本原理 …… 168
　7.5.2 二值图像编码的基本方法 …… 169
　7.5.3 二值图编码的优势 …… 169
　7.5.4 二值图编码的应用 …… 170
7.6 图像压缩编码标准 …… 171
　7.6.1 常见的图像编码标准 …… 171
　7.6.2 静止图像格式 JPEG …… 171
　7.6.3 JPEG 压缩编码算法的主要计算步骤 …… 172
　7.6.4 活动图像格式 MPEG …… 173
7.7 基于分类 KLT 的高光谱图像压缩 …… 173
　7.7.1 高光谱图像的无监督分类 …… 174
　7.7.2 高光谱图像的 KLT …… 174
　7.7.3 基于分类 KLT 的高光谱图像压缩方法 …… 175

小结 …… 175
思考与练习 …… 176
实训 …… 177

第8章 基于深度学习的智能图像识别系统 …… 179

8.1 深度学习概述 …… 179
　8.1.1 什么是深度学习 …… 179
　8.1.2 深度学习的原理和基本框架 …… 180
　8.1.3 深度学习与数字图像处理的关系 …… 181
　8.1.4 深度学习在农业领域的应用前景 …… 181
8.2 主流深度学习算法 …… 182
　8.2.1 卷积神经网络 …… 182
　8.2.2 循环神经网络 …… 183
　8.2.3 长短时记忆网络 …… 184
8.3 苹果叶片病害识别检测 …… 186
　8.3.1 苹果叶片病害的背景介绍 …… 186
　8.3.2 基于深度学习的苹果叶片病害识别检测 …… 186
8.4 复杂环境下的苹果识别 …… 202
　8.4.1 复杂环境下苹果识别的背景介绍 …… 202
　8.4.2 基于深度学习的复杂环境下的苹果识别 …… 202

小结 …… 205
思考与练习 …… 206
实训 …… 207

第 1 章 绪 论

学习目标

1. 了解数字图像处理的相关概念、数字图像处理方法。
2. 了解数字图像处理的发展。
3. 了解数字图像处理的主要研究内容。
4. 了解数字图像处理的应用。
5. 熟悉数字图像开发环境配置。

知识导图

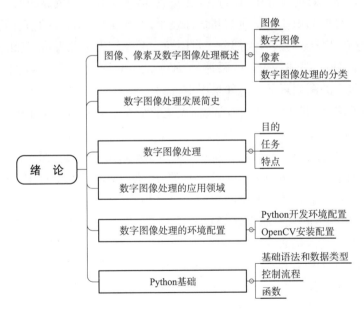

图像处理(digital image processing)是通过计算机对图像进行分析以达到所需结果的技术。数字图像处理是用计算机对数字图像进行的处理,因此也称为计算机图像处理(computer image processing)。数字图像处理主要有两个目的:其一,为了便于分析而对图像信息进行改进;其二,为使计算机自动理解而对图像数据进行存储、传输及显示。本章主要介绍数字图像处理的发展过程、数字图像处理中涉及的相关概念、数字图像处理的主要研究内容,并通过数

字图像处理的几个应用实例,介绍数字图像处理的主要应用领域。

1.1 图像、像素及数字图像处理概述

随着社会和科技的不断发展与进步,数字图像处理和图像通信进入了社会各个行业和领域。为了便于从图像中获取更多有用的图像信息和改善图像的质量,并为提高机器自动理解图像的能力,人们不断努力和探索,研究数字图像的显示、数据存储和传输等方法。本章就图像、像素及数字图像处理的基本概念、简要历史、基本步骤、系统组成及其主要应用进行介绍,引导读者了解数字图像处理和图像通信的最基本情况,进而为后续的阅读打下基础。

1.1.1 图像和数字图像

1. 图像

图像是人类接触世界、获取信息的最重要途径,因而也是我们最熟悉的媒体。图像的获取是通过各种观测系统,如眼睛、照相机、红外成像仪和超声波成像系统等,以不同的形式和手段观测客观世界而完成的。这些形式和手段包括我们最熟悉的可见光,以及我们不可见的 Y 射线、红外线、无线电波和声波反射等的获取与成像。人类的视觉系统就是利用可见光的信息,通过人眼晶状体的聚焦,在视网膜上形成物体图像并通过视觉神经传输至大脑形成图像,这些图像是客观景物在我们头脑中形成的影像。

我们生活在多姿多彩的世界中,通过我们的感觉器官获取周围世界的信息,进行加工和学习,从而了解世界、掌握知识。科学研究和统计表明,人类从外界获得的信息约有75%来自视觉系统,即我们感知和学习的内容大部分来自图像。图像作为一种表达信息的媒体,能够包含非常丰富的信息。例如,描述一个人的眼神时,如果是一幅清楚的图像,我们往往只需要一瞬间便能看出其中包含的深刻意义。但如果用语言和文字去完成这个眼神图像所表达的含义,却要花上非常多的文字和时间去进行描述,而表达的结果还经常不够准确和完整。因此,才有"百闻不如一见"的说法。

客观世界和景物在空间上经常是三维(three-dimensional,3D)的,而一般情况下从客观世界获得的景物图像是二维(two-dimensional,2D)的,因此一幅静态图像可用一个二维数组$f(x,y)$来描述。这里x、y表示的是二维空间中的一个坐标点,表示该点(x,y)形成影像的某种性质。例如,对于没有颜色的灰度图像,f表示的是该点的灰度值(亮度)。对于活动的图像,可以用$f(x,y,t)$来描述,x、y仍表示二维空间中的坐标,t表示时间。即活动的图像可看成由一系列时间序列上的静止图像组成,这样图像上各点的性质不仅与它的坐标位置有关,还与时间有关。对于彩色图像,可以用$f(x,y,\lambda)$来描述,其中λ表示波长。因为反映到人眼的图像颜色由射入人眼的光波波长决定,所以可以将λ作为一个变量。当然,对于活动的彩色图像,可以用$f(x,y,\lambda)$来描述。本书主要讨论静止的灰度图像,对于动态图像,将其分解为一系列的静止图像;对于彩色图像,将其分解为多个单色图像进行处理,因此后续阐述的图像仅用$f(x,y)$表示。

2. 数字图像

客观世界形成的图像应是连续的,即f、x、y的值可以是任意实数。为了能用计算机与数

字通信系统对图像进行加工和处理,需要把连续的模拟图像信号进行离散化(数字化),这种离散化包括坐标空间上的离散化(对 x、y 的值进行离散)和性质空间上的离散化(对图像灰度 f 的值进行离散)。离散化后的图像就是数字图像,仍然可以用 $f(x,y)$ 表示。在本书讨论的数字图像中,x 表示某点图像所在坐标的行,y 表示某点图像所在坐标的列,它们均为不小于 0 的整数。

在早期的图像文献中,英文常用 picture 代表图像,中文常用"图像",随着数字图像处理研究的深入,现在都用 image 和"图像"代表离散化后的数字图像。由于图像被离散化后实际上是由许多基本的图像单元点组成,将这些最小的单元称为图像元素(picture element),简称像素,英文用 pixel 表示二维图像中的像素。数码相机中获得的数字图像实际上就是许多像素组成的,例如,1 200 万像素的数码相机拍得的数码照片,就是由 1 200 万个像素组成。

图 1-1 给出两幅典型的数字图像及坐标标注方法。图 1-1(a)是常在显示设备中采用的坐标系,它的原点 O(origin)在图像的左上角,横轴 i 标记图像的列,纵轴 j 标记图像的行。$f(i, j)$ 既可代表整幅图像,也可表示在坐标点 (i,j) 处像素的值。图 1-1(b)是常在图计算中采用的坐标系,与显示设备中的坐标系不同,它的坐标原点在图像的左下角。$f(x,y)$ 既可代表整幅图像,也可表示在坐标点 (x,y) 处像素的值。关于图像与数字图像的更多内容,将在后面章节介绍。

(a)显示设备中采用的坐标系

(b)计算中采用的坐标系

图 1-1 数字图像及其坐标系统

1.1.2 像素

像素是构成图像的基本单元,它代表了图像中的一个点。每个像素具有特定的位置和灰度级别或颜色。像素的数量决定了图像的分辨率,即图像的清晰度和细节程度。

人眼不仅能感觉景物的亮度,还能感觉景物的色彩。之所以要阐明彩色图像、灰度图像与二值图像,是因为这三种图像是我们能够接触到的主要图像种类。这些种类是按照图像所呈现的色彩和能表示的灰度等级来划分的。

彩色图像是指由多种颜色组成的图像。正常的人眼看到的景物都是彩色的,各种颜色的不同源自于相对应的光线的波长不同,只要可见光的波长相差 3~5 nm,人眼就能感觉到两种颜色的差异。在对彩色数字图像进行记录时,就不仅要记录每一个像素的亮度,还要记录它的颜色;而颜色是千变万化的,因此对于不同要求的彩色图像,可以用不同数量的颜色来记录。

如果我们曾经用彩色蜡笔绘过图,那么我们就明白:如果蜡笔的颜色种类足够多,绘制的图像色彩会更真实;如果蜡笔的颜色种类较少,绘制的图像效果就差一些。在记录彩色数字图像时,也涉及这个问题,如果要求彩色数字图像显示的色彩效果更真实,那么就必须用更多种色彩,但相应的代价往往是图像的存储空间会更大,就如同我们必须用更多的盒子才能放下更多颜色的蜡笔一样。数字彩色图像所采用的颜色数目通常为 2^n 种,如 16 色为 2^4,256 色为 2^8,真彩色图像为 2^{24},它所拥有的颜色有 16 777 216 种,可以表达出人眼能够辨别的所有颜色,所以叫作真彩色。任何彩色图像都可由红(red,R)、绿(green,G)、蓝(blue,B)三种基本原色组成,通过三种颜色的不同组合,可以形成各种各样的颜色。因此,一幅彩色图像可以分解成为三幅分别代表红、绿、蓝三色的灰度图像。

灰度图像是指只有亮度差别,而没有颜色差别的图像,如我们拍摄的黑白照片。又如,可以将一幅彩色图像分解成三幅分别代表红、绿、蓝三色的灰度图像,那么每幅图像实际上看起来是没有颜色变化的,只有亮度变化。当然,也可将一幅彩色图像转换为灰度图像,用 Y 代表亮度大小,则其转换公式为

$$Y = 0.299R + 0.587G + 0.114B$$

当然,灰度图像中各部位的亮度差别也是千变万化的,从最黑到最白之间可以分出的亮度等级应该是无穷的。但是,人眼能够分辨出的亮度等级是有限的,因此,数字图像中的灰度等级也可以用有限的等级来描述一幅图像。例如,采用 256 级亮度,刚好是 2^8,用一个字节就能存储一个像素的亮度。当然,亮度的等级是可以根据实际需要进行设定的,但通常是 2^n,如 128 级是 2^7,8 级是 2^3。对于彩色图像,可以将其分解为对应的几幅灰度图像,具体的原因和分解在第 2 章讲述。

当灰度图像的灰度等级只有两个等级时,这种图像就叫作二值图像。可以只用"全黑"与"全白"两种方式对图像进行描述和记录,例如,用一支黑色钢笔在白纸上绘画时,就只能得到二值图像。二值图像所含的信息往往较少,占用存储空间也相应较少。但是,二值图像往往能够排除干扰,容易获得对象的最突出特点,如对指纹图像的识别、对文字的自动识别等,这些都需要获得二值图像。

1.1.3 数字图像处理的分类

人类感知的图像仅限于比较小的一段电磁波谱,而数字图像由于可以通过各种成像途径获取,因而可以覆盖从 γ 射线到无线电波的几乎整个电磁波谱。因此,数字图像处理不仅可以对人类习惯的图像进行加工,还可以对包括超声波、电子显微镜和计算机等成像机器产生的图像进行处理。这样,数字图像处理涉及的应用领域将非常广泛。

数字图像的处理大体上可以分为两类:一类是图像到图像的处理,另一类是图像到非图像的处理。前者的主要作用是将效果不好的图像处理为效果较好的图像,或者将失真、模糊和噪声污染等退化的图像进行恢复和还原。其目的是提高画面质量,或者达到某种特殊目的。

图像到非图像的处理是将图像中有关信息用非图像的方式表示,以便于分析与理解,所以这类处理通常又称为数字图像分析。例如,在医学中血样分析时,有时就需要统计血细胞的白血球数量,这里涉及白血球与其他细胞区别开来,并进行数量的统计;又如,对人脸进行识别时,通常需要将人脸的图像处理为一个特征向量;再如,材料颗粒分析时,需要将材料微粒的形

状、粒径分布情况等按数量、大小和表面积等特征进行统计。这些处理都是图像到非图像的处理。

对图像的处理既包括空间域的处理，又包括变换域（如频率域）的处理。有忠实于客观景物对图像进行的复原，也有便于获取某一特定信息对图像进行的增强。既有对彩色图像灰度图像的处理，也有对二值图像的处理。

总之，数字图像处理的目的是提高图像中所包含的信息的质量，帮助人类或机器获取所需的信息（包括图像形式的信息或非图像形式的信息），或者在不损失或少损失图像信息的前提下，为图像的存储、显示和传输提供更好的方法。

1.2 数字图像处理发展简史

图像是人类获取信息、表达信息和传递信息的重要手段。因此，数字图像处理技术已经成为信息科学、计算机科学、工程科学、地球科学等诸多方面的学者研究图像的有效工具。数字图像处理发展历史并不长，起源于 20 世纪 20 年代。当时，人们通过海底电缆采用数字压缩技术从伦敦到纽约传输了第一幅数字照片，改善图像的质量。为了传输图片，该系统首先在传输端进行图像编码，然后在接收端用特殊打印设备重构该图片。尽管这一应用已经包含了数字图像处理的知识，但还称不上真正意义的数字图像处理，因为它没有涉及计算机。事实上，数字图像需要很大的存储空间和计算能力，其发展受到数字计算机和包括数据存储、显示和传输等相关技术的发展的制约。因此，数字图像处理的历史与计算机的发展密切相关，数字图像处理的真正历史是从数字计算机的出现开始的。

第一台可以执行有意义的图像处理任务的大型计算机出现在 20 世纪 60 年代早期。数字图像处理技术的诞生可追溯至这一时期计算机的使用和空间项目的开发。1964 年，美国喷气推进实验室（JP 实验室）处理了太空船"徘徊者七号"发回的月球照片，以校正航天器上电视摄像机中的各种类型的图像畸变，这标志着图像处理技术开始得到实际应用。

进行空间应用的同时，数字图像处理技术在 20 世纪 60 年代末 70 年代初开始用于医学图像、地球遥感监测和天文学等领域。其后军事、气象、医学等学科的发展也推动了图像处理技术迅速发展。此外，计算机硬件设备的不断降价，包括高速处理器、海量存储器、图像数字化和图像显示、打印等设备的不断升级、普及成为推动数字图像处理技术发展的又一个动力。数字图像处理技术的迅速发展为人类带来了巨大的经济社会效益，大到应用卫星遥感进行的全球环境气候监测，小到指纹识别技术在安全领域的应用。可以说，数字图像处理技术已经融入科学研究的各个领域。目前，数字图像处理技术已经成为工程学、计算机科学、信息科学、生物学以及医学等各学科学习和研究的对象。

1.3 数字图像处理

1.3.1 数字图像处理的目的

数字图像处理是指借助计算机强大的运算能力，运用去噪、特征提取、增强等技术对以数字形式存储的图像进行加工、处理。数字图像处理的目的主要有以下三点。

1. 提升图像的视觉感知质量

通过亮度、彩色等变换操作,抑制图像中某些成分的表现力,提升图像中特定成分的表现力,以改善图像的视觉感知效果。

2. 提取图像中的感兴趣区域或特征

我们从图像中提取的感兴趣区域或特征可以作为图像分类、分割、语义标注等的依据,为计算机图像分析提供进一步的便利。按照表示方式的不同,提取的特征可以分为空间域特征和频域特征两大类。按照所表达的图像信息的不同,提取的特征可以分为颜色特征、边界特征、区域特征、纹理特征、形状特征及图像结构特征等。

3. 方便图像的存储和传输

为了减少图像的存储空间,降低图像在网络传输中的耗时,可首先使用各类编码方法对图像进行编码,然后使用如 JPEG、BMP 等压缩标准对图像进行压缩。不管是何种目的的图像处理,都需要由计算机和图像专用设备组成的图像处理系统对图像数据进行输入、加工和输出。

1.3.2 数字图像处理的任务

数字图像处理主要完成的任务有:

(1)提高图像的视觉质量以达到人眼主观满意或较满意的效果。例如,图像的增强、图像的复原、图像的几何变换,图像的代数运算,图像的滤波处理等有可能使受到污染、干扰等因素影响产生的低清晰度、变形等图像质量问题得到有效改善。

(2)提取图像中目标的某些特征,以便于计算机分析或机器人识别。这些处理也可以划归于"图像分析"的范畴。例如,边缘检测,图像分割,纹理分析常用作模式识别、计算机视觉等高级处理的预处理。

(3)为了存储和传输庞大的图像和视频信息常常对这类数据进行有效的压缩。常用的方法有统计编码、预测编码和正交变换编码等。

(4)信息的可视化。如温度场、流速场、生物组织内部等许多信息并非可视,但转化为视觉形式后,可以充分利用人类对可视模式快速识别的自然能力,从而更便于人们观察、分析、研究和理解大规模数据及复杂现象。信息可视化结合了科学可视化、人机交互、数据挖掘、图像技术、图形学、认知科学等诸多学科的理论和方法,是研究人与计算机表示的信息以及它们相互影响的技术。

(5)信息安全的需要,主要反映在数字图像水印和图像信息隐藏。这是图像处理领域中的一个新兴热点。数字水印技术利用多媒体数字产品中普遍存在的冗余数据和随机性,将水印信息嵌入数字作品中,无论是可见还是不可见,能够保护数字产品的版权或完整性。此外,该技术在计算机通信、密码学等领域也具有广泛应用。

1.3.3 数字图像处理的特点

与模拟图像处理相比,数字图像处理具有以下特点:

1. 可再现能力强

数字图像存储的基本单元是由离散数值构成的像素,其一旦形成不容易受图像存储、传输、复制过程的干扰,即不会因为这些操作而退化。与模拟图像相比,数字图像具有较好的可再现能力。只要图像在数字化过程中对原景进行了准确的表现,所形成的数字图像在被处理过程中就能保持图像的可再现能力。

2. 处理精度高

将图像从模拟图像转化为数字图像,中间不免会损失一些细节信息。但利用目前的技术,几乎可以将一幅模拟图像转化为任意尺寸的数字图像,数字图像可以在空间细节上任意逼近真实图像。现代数字图像获取技术可以将每个像素基元的灰度级量化到32位甚至更多位数,这样可以保证数字图像在颜色细节上满足真实图像颜色分辨率的要求。

3. 适用范围广

利用数字图像处理技术可以处理不同来源的图像,也可以对不同尺度客观实体进行展示,如既可以展示显微图像等小尺度影像,也可以展示天文图像、航空图像、遥感影像等大尺度图像。这些图像不论尺度大小、来源各异,在进行数字图像处理时,均会被转化为由二维数组编码的图像形式,因而均可以由计算机进行处理。

4. 灵活性高

数字图像处理算法中不仅包括线性运算,也包括各类可用的非线性运算。现代数字图像处理可以进行点运算,也可以进行局部区域运算,还可以进行图像整体运算。通过空间域与频域的转换,还可以在频域进行数字图像的处理。上述运算和操作都为数字图像处理提供了高度的灵活性。

1.4 数字图像处理的应用领域

数字图像最早应用于报纸行业,即将英国和美国之间原本需要7天才能传输完成的报纸图像在3 h内传输完成。数字图像处理作为一门独立的学科成形于20世纪60年代早期,其最早的目的是改善图像的视觉感知质量,以人为对象,通过对图像的处理,使得图像中的目标更加清晰可辨。电子计算机断层扫描(computed tomography,CT)是数字图像处理应用在医学领域中的一个早期典型成功案例。英国EMI公司的工程师于1972年发明了专门用于颅腔诊断的X射线诊断设备(即CT设备),CT设备通过X射线产生人类身体部件的投影,并通过计算机对投影截面进行重建,为医生进行进一步的疾病诊断提供依据。CT诊断技术发明人于1972年获得了诺贝尔生理学或医学奖,CT诊断技术也在随后的数年内推广到了全世界,为人类生命质量的提升做出了巨大的贡献。随着数字图像处理技术的进一步发展,以及人工智能、计算机科学相关技术的进一步成熟,数字图像处理技术可以向更高层次、更广领域做更深入的发展,计算机视觉相关理论也开始逐步从理论走向大规模应用。20世纪70年代末,马尔(Marr)教授首先提出较为完整的计算机视觉理论,其成为计算机视觉领域的指导理念,以马尔命名的"马尔奖"迄今为止还是计算机视觉领域的最高奖项。计算机视觉关注如何借助计算机系统对图像做出相应解释,可以让计算机对外部世界产生类似于人的理解能力。近年来,随着深度学习理论的不断发展以及计算机硬件尤其是GPU计算能力的不断提升,计算机视觉的理解能力和水平迈上了一个新的台阶,在许多领域达到甚至超过了人类。

数字图像处理在国民经济领域存在诸多现实应用,比较具有代表性的是遥感图像分析技术的广泛应用。农业部门通过对遥感图像进行分析,可以了解作物的播种、生长、病害情况,有助于做到大范围地估产及病虫害防治。水利部门通过对采集到的遥感图像进行评估分析,可以做到对水害灾情变化的实时检测,配合气象部门的卫星云图分析,可以对水旱灾害情况进行较为及时与准确的预测。国土测绘机构使用航测或卫星可获得地貌信息及地面设施布置等资料,通过对其进行进一步分析即可获知国土使用情况。

互联网的发展为数字图像提供了广泛的应用场景,数字图像处理的相关技术在社会中也发挥着更大的作用,如基于数字图像识别的身份认证系统,可通过快速比对被检测身份图像与原始身份图像完成被检测人员的身份认证,该系统在门禁、出入境以及金融支付等领域得到了广泛应用。再如种类繁多的美图软件等已经作为必备模块集成到了社交媒体中,通过物体识别、高斯模糊等简单图像处理方法实现了图像快速美化或丑化,为人们的生活增添了不少乐趣。为了适应互联网应用中大量图像传输需要,减小图像传输带宽要求,各类图像压缩算法也得到了大规模应用,如 JPG、PNG 等格式的压缩图像编码算法已经被视为图像编码的标准。光学字符识别是数字图像处理技术应用的又一重要领域,其首先利用图像分割得到单个字符图像,其次通过特征提取得到单个字符特征,最后经过图像识别算法提取出图像中的文本内容,进而形成文本文档。

1.5 数字图像处理的环境配置

随着大数据和人工智能的发展,Python 语言也变得越来越火热,其清晰的语法、丰富和强大的功能,让 Python 迅速应用于各个领域。Python 具备较强大的图像处理能力,并且 Python 生态系统中有许多图像处理工具。本书主要通过 Python 语言来实现各种图像处理算法及案例。

1.5.1 Python 开发环境配置

Python 是 Guido van Rossum 在 1989 年开发的一个脚本新解释语言,作为 ABC 语言的一种继承。Python 作为一门语言清晰、容易学习、功能强大的编程语言,既可以作为面向对象语言应用于各领域,也可以作为脚本编程语言处理特定的功能。Python 语言含有高效率的数据结构,与其他的面向对象编程语言一样,具有参数、列表表达式、函数、流程控制(循环与分支)、类、对象等功能。优雅的语法以及解释性的本质,使 Python 成为一种能在多种功能、多种平台上撰写脚本及快速开发的理想语言。Python 的具体优势如下。

(1)语法清晰,代码友好,易读性好。
(2)应用广泛,具有大量的第三方库支持,包括机器学习、人工智能等。
(3)Python 可移植性强,易于操作各种存储数据的文本文件和数据库。
(4)Python 是一门面向对象的语言,支持开源思想。

在讲述 Python 编程之前,首先需要安装 Python 软件,本章主要介绍在 Windows 系统下的 Python 编程环境的安装过程,常用的安装包括 Anaconda、PyCharm、IPython 等。这里直接下载 Python 官网页面中的编程软件。图 1-2 展示了官网的下载页面,本书选择 Python 3.8.3 版本进行安装。

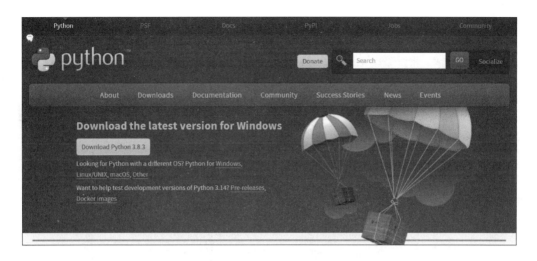

图 1-2 Python 下载页面

下载 Windows x64 MSI Installer 版本,双击 python-3.8.3.msi 软件进行安装,如图 1-3 所示。

图 1-3 安装 Python

接着按照 Python 安装向导,单击 Next 按钮选择默认设置,如图 1-4 所示。继续选择下一步,直到安装完成,如图 1-5 所示。安装成功后,需要在"开始"菜单中选择"程序",找到安装成功的 Python 软件,如图 1-6 所示,打开 Python 解释器编写 Python 代码。

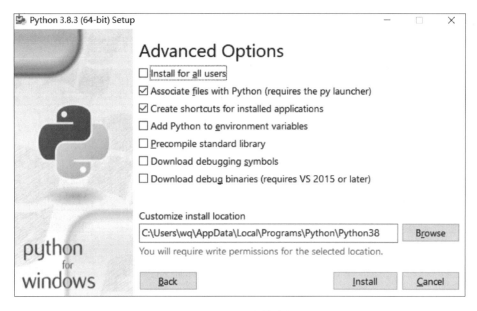

图 1-4　设置安装路径

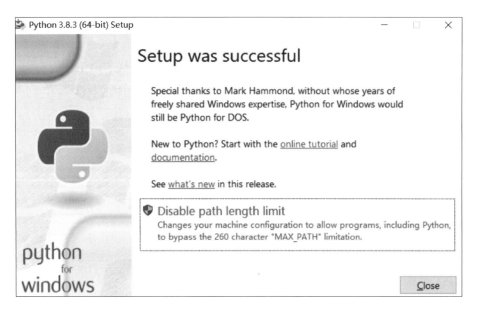

图 1-5　安装成功

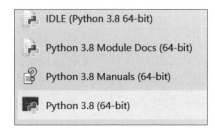

图 1-6　Python 解释器

打开 Python(command line)软件,如图 1-7 所示,输入第一行 Python 代码 print("Hello world!"),输出结果。

```
Python 3.8 (64-bit)
Python 3.8.3 (tags/v3.8.3:6f8c832, May 13 2020, 22:37:02) [MSC v.1924 64 bit (AMD64)] on win32
Type "help", "copyright", "credits" or "license" for more information.
>>> print("Hello world!")
Hello world!
>>>
```

图 1-7　Hello world 程序

1.5.2　OpenCV 安装配置

OpenCV 是一个基于 BSD 许可(开源)发行的跨平台计算机视觉库,可以运行在 Linux、Windows、Android 和 Mac 操作系统上。OpenCV 是一个由 C/C++语言编写而成的轻量级并且高效的库,同时提供了 Python、Ruby、Matlab 等语言的接口,实现了图像处理和计算机视觉方面的很多通用算法。

本书主要使用 Python 调用 OpenCV2 库函数进行图像处理操作,首先介绍如何在 Python 编程环境下安装 OpenCV 库。OpenCV 安装主要通过 pip 指令进行。如图 1-8 所示,在命令提示符 CMD 环境下,调用 pip install opencv-python 命令安装。

```
C:\Users\wq>pip install opencv-python
Looking in indexes: https://pypi.tuna.tsinghua.edu.cn/simple
Collecting opencv-python
  Downloading https://pypi.tuna.tsinghua.edu.cn/packages/c7/ec/9dabb6a9abfdebb3c45b0cc52dec901caafef2b2c7e7d6a839ed86d81
e91/opencv_python-4.9.0.80-cp37-abi3-win_amd64.whl (38.6 MB)
     ———————————————————————————————————— 38.6/38.6 MB 5.6 MB/s eta 0:00:00
Requirement already satisfied: numpy>=1.21.2 in c:\users\wq\anaconda3\lib\site-packages (from opencv-python) (1.26.4)
Installing collected packages: opencv-python
Successfully installed opencv-python-4.9.0.80
```

图 1-8　安装 OpenCV 扩展包

安装命令是:

```
cd C:\Python27\Scripts
pip installopencv-python
```

OpenCV 扩展包安装成功后,在 Python 3.8.3 中输入 import cv2 语句(见图 1-9)导入该扩展包,测试安装是否成功,如果没有异常报错即安装成功。

图 1-9　导入 OpenCV 扩展包

Python 可以通过 easy_install 或者 pip 命令安装各种各样的包(package),其中 easy_install 提供了"傻瓜式"的在线一键安装模块的方式,而 pip 是 easy_install 的改进版,提供更好的提示信息以及查找、下载、安装及卸载 Python 包等功能,常见用法见表 1-1。

表 1-1 easy_install 和 pip 命令的用法

命　令	用　法

easy_install	①安装一个包：
	　$ easy_install < package_name >
	　$ easy_install" < package_name > = = < version > "
	②升级一个包：
	　$ easy_install - U" < package_name > > = < version > "

pip	①安装一个包：
	　$ pip install < package_name >
	　$ pip install < package_name > = = < version >
	②升级一个包（如果不提供 version 号，升级到最新版本）：
	　$ pip install - - upgrade < package_name > > = < version >
	③删除一个包：
	　$ pip uninstall < package_name >

注意，本书使用的 Python 版本为 3.8.3，它自带 pip 和 easy_install 工具，一方面推荐使用该版本操作本书的所有实验；另一方面，如果使用其他版本，则在 Python 开发环境中使用 pip 命令之前，需要安装 pip 软件，再调用 pip 命令对具体的扩展包进行安装。pip 软件的安装步骤请读者结合官网实现。

1.6 Python 基础

1.6.1 基础语法和数据类型

1. 变量和数据类型

变量：在 Python 中，变量是用来存储数据的容器。可以通过赋值操作给变量赋予不同类型的数据，并在程序中使用它们。

Python 中的主要数据类型包括：

数字：整数(int)、浮点数(float)、复数(complex)等。

字符串：由单引号(')或双引号(")包围的文本数据。

列表(list)：由一系列有序的元素组成，可以包含不同类型的数据。

元组(tuple)：与列表类似，但是元组是不可变的。

字典(dictionary)：由键-值对组成的集合，用于存储相关数据。

2. 注释和缩进

注释：在 Python 中，注释用于在代码中添加说明，以提高代码的可读性。单行注释以#开始，多行注释使用三个单引号(''')或三个双引号(""")。

缩进：Python 使用缩进来表示代码块的层次结构，通常使用四个空格作为缩进单位。正确的缩进对于代码的执行结构非常重要。示例代码如下：

```
#变量和数据类型示例
age = 25
#整数类型变量
height = 1.75
#浮点数类型变量
name = 'John'
```

```
#字符串类型变量
my_List = [1, 2, 'apple', 'banana' ]
#列表类型变量
my_tuple = (10, 20, 30)
#元组类型变量
my_dict = {'name' : 'Alice', 'age':30}
#字典类型变量
if age > =18:
print("You are an adult.")
else:
print("You are a minor.")
```

通过学习这些基本语法和数据类型,可以开始编写简单的 Python 程序,并逐渐掌握更复杂的概念和技巧。

1.6.2 控制流程

1. 条件语句

条件语句用于根据不同的条件执行不同的代码块。Python 中的条件语句由 if、elif(可选)、else(可选)关键字组成,示例代码如下:

```
#示例:根据成绩判断等级
score = 85

if score > = 90:
print("Grade: A")
elif score > = 80:
print("Grade: B")
elif score > = 70:
print("Grade: C")
elif score > = 60:
print("Grade: D")
else:
print("Grade: F")
```

if 语句:用于检查一个条件是否为真,如果为真,则执行相应的代码块。

elif 语句:可选的条件分支,用于检查多个条件。

else 语句:可选的最终分支,当所有条件都不满足时执行。

2. 循环语句

循环语句用于重复执行特定的代码块。Python 中的主要循环语句包括 for 循环和 while 循环。

(1) for 循环:用于遍历可迭代对象(如列表、元组、字符串等)中的元素,示例代码如下:

```
#示例:计算列表中所有元素的总和
numbers = [1, 2, 3, 4, 5]
total = 0

for num in numbers:
total + = num

print("The sum is:", total)
```

(2) while 循环:在条件为真时重复执行代码块,直到条件变为假为止,示例代码如下:

```
#示例:计算斐波那契数列
a, b = 0, 1
fibonacci_series = []
while a < 100:
fibonacci_series.append(a)
a, b = b, a + b
print("Fibonacci series:", fibonacci_series)
```

通过掌握条件语句和循环语句,可以编写出更加灵活和功能丰富的 Python 程序,实现各种复杂的逻辑和算法。

1.6.3 函数

1. 定义和调用函数

函数是一段可重复使用的代码块,用于执行特定的任务。在 Python 中,使用 def 关键字定义函数,然后可以通过函数名来调用它,示例代码如下:

```
#示例:定义一个简单的函数
def greet():
print("Hello, welcome to Python!")
#调用函数
greet()
```

输出:

```
Hello, welcome to Python!
```

2. 参数传递

函数可以接受不同类型的参数,包括位置参数、关键字参数和默认参数。

(1)位置参数:按照定义时的顺序传递给函数的参数,示例代码如下:

```
def greet(name):
print("Hello, " + name + "!")
#调用函数并传递位置参数
greet("Alice")
```

输出:

```
Hello, Alice!
```

(2)关键字参数:明确指定参数名字的传递方式,不依赖于参数的顺序,示例代码如下:

```
#示例:带有关键字参数的函数
def greet(name, message):
print("Hello, " + name + "!" +message)
#调用函数并传递关键字参数
greet(name = "Bob", message = "How are you?")
```

输出:

Hello, Bob! How are you?

(3)默认参数：在函数定义时为参数指定默认值，调用函数时可以不传递该参数，使用默认值，示例代码如下：

```
#示例：带有默认参数的函数
def greet(name = "Guest"):
    print("Hello, " + name + "!")
#调用函数，不传递参数
greet()
#调用函数，并传递参数
greet("Alice")
```

输出：

```
Hello, Guest!
Hello, Alice!
```

3. 返回值

函数可以通过 return 语句返回一个值给调用者。函数的返回值可以用于进行进一步的计算、输出或赋值等操作，示例代码如下：

```
#示例：带有返回值的函数
def add(x, y):
    return x + y
#调用函数并获取返回值
result = add(3, 5)
print("The result is:", result)
```

输出：

```
The result is: 8
```

通过定义和调用函数，并合理使用参数传递和返回值，可以将程序分解成更小的模块，提高代码的可维护性和复用性。

小　　结

本章重点介绍了数字图像处理的发展、数字图像处理的相关概念、数字图像处理方法、数字图像处理的主要研究内容、数字图像处理的应用及数字图像开发环境配置等。旨在将数字图像处理的基本概念、主要内容和应用范围给读者留下一个总体印象，对数字图像处理的发展过程及相关概念有所了解，并对数字图像处理的主要研究内容有一个初步认识。在后续的章节中，再进行图像处理的理论和应用方面的具体阐述，并提供相应的实例帮助读者进一步理解这些技术的具体内容和使用方法。希望读者在后面的学习中，能再次结合本章中的实例，思考数字图像处理方法的具体应用，从而将这门课学活。

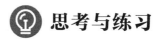 **思考与练习**

简答题

1. 解释概念:图像、数字图像、数字图像处理。
2. 一般的数字图像处理要经过几个步骤?由哪些内容组成?
3. 在数字图像处理中,空域处理和变换域处理有何区别?空域处理和变换域处理各有哪些主要处理方法?
4. 数字图像处理的主要研究内容包括哪些?
5. 举例说明数字图像处理有哪些应用。

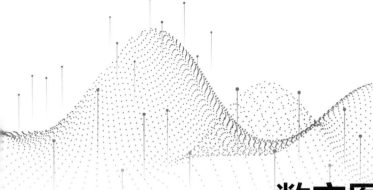

第 2 章 数字图像处理基础

学习目标

1. 理解图像数字化的概念,学习图像数字化过程的各项步骤。
2. 理解图像处理的最基本工作(也是第一步工作):读取、显示和输出图片的基本概念和应用领域;掌握不同的图像读取方法。
3. 掌握图像色度学的基本原理和目标,了解常见的颜色模型。
4. 理解灰度直方图在图像中的重要性及其在图像处理中的应用。
5. 了解图像都有哪些文件格式,学习不同文件格式的图像应用范围。
6. 理解图像运算的概念和工作原理。学习如何使用图像运算来完成具体情况下图像该如何运算。

知识导图

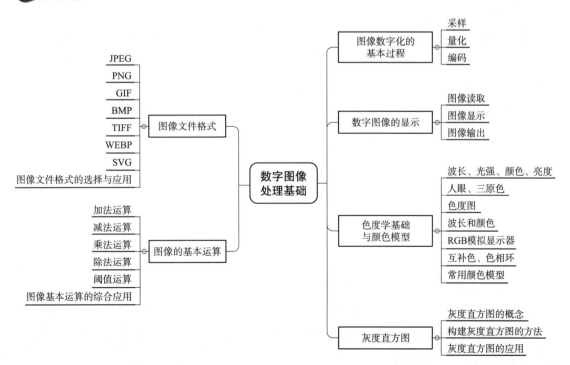

数字图像处理基础是一门将数学、计算机科学与工程技术相结合,专门研究图像信息获取、表示、处理和分析的课程。本章旨在引导学生深入理解数字图像的基本概念,掌握从原始图像数据到有价值信息转换过程中所涉及的关键技术和方法。

本章从图像的基础知识开始,探讨图像的成像原理、图像的数字化过程以及图像的基本属性(如分辨率、颜色模型等)。随着学习的深入,过渡到核心的图像处理技术,包括图像增强、复原、压缩、分割、特征提取、匹配与识别等,并通过实际案例和实验操作,体验这些技术在日常生活、科研及工业生产中的广泛应用。

此外,本章中还引入现代深度学习框架下的图像处理技术,如卷积神经网络在图像分类、目标检测、语义分割等方面的前沿应用。通过理论学习与实践操作相结合的方式,培养学生的创新思维和解决实际问题的能力,为他们未来在视觉智能、机器学习、人工智能等领域的发展打下坚实的基础。

2.1 图像数字化的基本过程

图像在进行数字化的过程中,一般需要经过采样、量化和编码这三个步骤。

2.1.1 采样

计算机在处理图像模拟量时,首先就是要通过外部设备如数码相机、扫描仪等来获取图像信息,即对图像进行采样。所谓采样就是计算机按照一定的规律,对一幅原始图像的图像函数 $f(x,y)$ 沿 x 方向以等间隔 Δx 采样,得到 N 个采集点,沿 y 方向以等间隔 Δy 采样,得到 M 个采集点,这样就从一幅原始图像中采集到 $M \times N$ 个样本点,构成了一个离散样本阵列。这个过程就是采样的过程。

这个过程中主要的参数就是采样频率。所谓采样频率,指一秒内采样的次数,它反映了采样点之间的间隔大小。丢失的信息越少,采样频率越高,图像的质量越高,当然,图像的数据存储量也越大。

设连续图像 $f(x,y)$ 经过数字化后,可以用一个离散量组成的矩阵 $g(i,j)$ 即二维数组来表示。

$$g(i,j) = \begin{pmatrix} f(0,0) & f(0,1) & \cdots & f(0,n-1) \\ g(1,0) & f(1,1) & \cdots & f(1,n-1) \\ \vdots & \vdots & & \vdots \\ f(m-1,0) & f(m-1,1) & \cdots & f(m-1,n-1) \end{pmatrix}$$

$g(i,j)$ 代表的点 (i,j) 即为采样点(sampling point),也称灰度值。

数字化采样一般是按照正方形点阵取样的,也有三角形点阵、正六角形点阵取样,采样点在平面上的几何关系如图 2-1 所示,称为栅格(grid)。

全体像素覆盖了整个图像,实际的数字转换器捕捉的像素具有有限尺寸(这是因为采样函数不是一组理性的狄拉克冲击,而是一组有限冲击),从图像分析角度看,像素是不可再分割的单位。

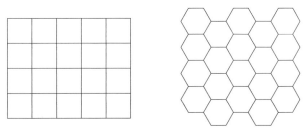

图 2-1 栅格

2.1.2 量化

采样是对图像进行离散化处理。下一步就是要对采集到的这些样本点进行数字化处理,实际上是对样本点的颜色或灰度进行等级划分,然后用多位二进制数表示出来,即对模拟图像的像素点所呈现出的特性,用二进制数据的方式记录下来。

这个等级的划分称为样本的量化等级。量化等级是图像数字化过程中非常重要的一个参数。它描述的是每幅图像样本量化后,每个样本点可以用多少位二进制数表示,反映图像采样的质量。

模拟图像经过采样后,在时间和空间上离散化为像素。但采样所得的像素值(即灰度值)仍是连续量。把采样后所得的各像素的灰度值从模拟量到离散量的转换称为图像灰度的量化。图 2-2 说明了图像灰度的量化过程。如图 2-2(a)所示,若连续灰度值用 z 来表示,对于满足小于等于 x 的 z 值,都量化为整数 q,q 称为像素的灰度值,z 与 q 的差称为量化误差。一般,像素值量化后用一个字节 8 bit 来表示。如图 2-2(b)所示,把由黑—灰—白的连续变化的灰度值,量化为 0 ~ 255 共 256 级灰度值,灰度值的范围为 0 ~ 255,表示亮度从深到浅,对应图像中的颜色为从黑到白。

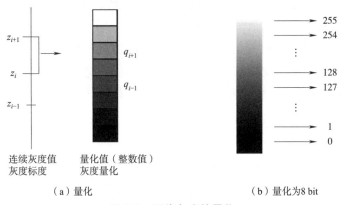

(a)量化 (b)量化为8 bit

图 2-2 图像灰度的量化

连续灰度值量化为灰度级的方法有两种,一种是等间隔量化,另一种是非等间隔量化。等间隔量化就是简单地把采样值的灰度范围等间隔地分割并进行量化。对于像素灰度值在黑—白范围较均匀分布的图像,这种量化方法可以得到较小的量化误差。该方法也称为均匀量化或线性量化。为了减小量化误差,引入了非均匀量化的方法。非均匀量化是依据一幅图像具体的灰度值分布的概率密度函数,按总的量化误差最小的原则来进行量化。具体做法是对图像中像素灰度值频繁出现的灰度值范围,量化间隔取小些,而对那些像素灰度值极少出现的范围,则量化间隔取大些。由于图像灰度值的概率分布密度函数因图像不同而异,所以不可能找到一个适用于各种不同图像的最佳非等间隔量化方案。因此,实用上一般都采用等间隔量化。

2.1.3 编码

在以上两项工作完成后,就需要对每个样本点按照它所属的级别,进行二进制编码,形成数字信息,这个过程就是编码。如果图像的量化等级是 256 级,那么每个样本点都会分别属于这 256 级中的某一级,然后将这个点的等级值编码成一个 8 位的二进制数即可。数字化后得到的图像数据量十分巨大,必须采用编码技术来压缩数据量。

2.2 数字图像的显示

图像处理的最基本工作:读取、显示和输出图片。

2.2.1 图像读取

OpenCV 图像读取的函数是 imread(图像路径,加载模式),输入参数有两个:图像路径是一个字符串,使用绝对路径和相对路径都是可以的,但相对路径必须是程序的工作路径。一般的图像格式都是支持的,如 bmp、jpg、png、tiff 等。

读取模式是一个枚举型的整数,用于指定读取图像的颜色类型。默认值是 1,一般在调用时可以不输入这个参数,默认值 1 表示载入 3 通道的彩色图像。有如下取值:

- IMREAD_UNCHANGED:取值 -1。不改变原始图像的读取模式。
- IMREAD_GRAYSCALE:取值 0。将图像转换成灰度图读取。
- IMREAD_COLOR:取值 1。为默认值,将图像转换成 3 通道彩色图像读取。
- IMREAD_ANYDEPTH:取值 2。读取后是灰度图。
- IMREAD_ANYCOLOR:取值 4。无损读取原始图像。源图像为彩色图像就读取为 3 通道彩色图像,源图像为灰度图就读取为灰度图。

为进一步准确掌握这些参数的区别,用三幅图像进行测试,这三幅图像分别为:

scooter.png:带 alpha 通道的彩色图像,如图 2-3(a)所示。

lenna.bmp:3 通道彩色图像,如图 2-3(b)所示。

moon.bmp:灰度图像,如图 2-3(c)所示。

(a) scooter.png　　　　　　(b) lenna.bmp　　　　　　(c) moon.bmp

图 2-3　测试图像

输入代码如下:

```python
import cv2

scooter_path = "scooter.png" # 带 alpha 通道的彩色图像
lenna_path = "lenna.bmp" # 3 通道彩色图像
moon_path = "moon.bmp" # 灰度图像

pic = [scooter_path, lenna_path, moon_path]

for p in pic:
    for i in [-1, 0, 1, 2, 4]: # 加载模式的取值
        img = cv2.imread(p, i)
        print(p, i, img.shape)
```

输出结果:

```
scooter.png -1 (512, 512, 4)
scooter.png 0 (512, 512)
scooter.png 1 (512, 512, 3)
scooter.png 2 (512, 512)
scooter.png 4 (512, 512, 3)
lenna.bmp -1 (512, 512, 3)
lenna.bmp 0 (512, 512)
lenna.bmp 1 (512, 512, 3)
lenna.bmp 2 (512, 512)
lenna.bmp 4 (512, 512, 3)
moon.bmp -1 (640, 662)
moon.bmp 0 (640, 662)
moon.bmp 1 (640, 662, 3)
moon.bmp 2 (640, 662)
moon.bmp 4 (640, 662)
```

根据以上代码和输出结果,可以从读入图像后的 shape 中看出一些端倪。

- 当取值为 -1 时,即读取模式为 IMREAD_UNCHANGED 时,源图像是什么样就是什么样。
- 当取值为 0 时,即读取模式为 IMREAD_GRAYSCALE 时,都读取成灰度图像。
- 当取值为 1 时,即读取模式为 IMREAD_COLOR 时,不管源图像是什么,都转换成 3 通道图像。
- 当取值为 2 时,即读取模式为 IMREAD_ANYDEPTH 时,都读取成了灰度图,可能返回大于 8 位的灰度图像,这取决于原始图像的深度。
- 当取值为 4 时,即读取模式为 IMREAD_ANYCOLOR 时,源图像为彩色图像就读取为 3 通道彩色图像,源图像为灰度图就读取为灰度图。

一般来说,将图像读取成统一的模式对于后续的处理非常重要,一般都使用 3 通道的彩色图像进行处理,所以默认值是 1,即不管源图像是什么,统一转成 3 通道的图像。对于灰度图,也是 3 通道,只不过每个通道的值都相等。

如果需要特殊处理,例如只处理灰度图,或需要 alpha 通道,那么就可以灵活使用其他的

2.2.2 图像显示

OpenCV 中的图像显示函数是 imshow(title, img),示例代码如下:

```
import cv2
lenna_path = "lenna.bmp"
img = cv2.imread(lenna_path)
cv2.imshow('lenna', img)
cv2.waitKey()
```

其中,title 是显示图片的窗口标题,img 就是要显示的图像。如果不添加最后一句 cv2.waitKey(),执行时窗口一闪而过。waitKey() 表示无限等待。中间可以输入数值,如 5000,cv2.waitKey(5000) 表示 5 000 ms,即 5 s 后自动关闭窗口。

若 OpenCV 中的报错输出:

```
lenna_path = "lnnea.bmp"
img = cv2.imread(lenna_path)
cv2.imshow('lenna', img)
cv2.waitKey()
#输出:
error: (-215) size.width >0 && size.height >0 in function cv::imshow
```

从报错信息可以推断,是图像的 size 有问题,即没有得到图像的 size。换句话说就是没有读取到源图像,仔细检查发现是文件名弄错了。

这里需要注意,调用 imread(),就算图像的路径是错的,或者没有这张图片,也不会报错,但得到的是 None。接着往下使用 imshow() 显示就会报错。所以下次看到 size 的报错信息,一定是图片路径或图片名称错了。

2.2.3 图像输出

OpenCV 中的图像输出函数是 imwrite(path, img),示例代码如下:

```
lenna_path = "Input\\lenna.bmp"
img = cv2.imread(lenna_path)
cv2.imwrite('Output\\lenna.jpg', img)
```

函数中,path 是输出图片的路径和名称,格式转换在这里只需要换个扩展名即可。img 就是要保存的图像。

需要注意的是,如果输出时,指定的输出目录不存在,例如不存在 Output 目录,imwrite() 不会报错,但也不会自动创建目录然后输出,这样做的结果是什么也没有发生。

2.3 色度学基础与颜色模型

2.3.1 波长、光强、颜色、亮度

1. 光的客观属性——波长、光强

单色光是由波长和光强这两个客观属性决定的,频率是光速除以波长。

决定复合光的,是它由哪些单色光组成,每个波长的单色光的含量(即光强)是多少。

2. 光的主观属性——颜色、亮度

首先,颜色是个很主观的属性,即使是在地球上,不同动物的颜色模型也可能差别很大。其次,亮度也是个主观属性,人眼感知到的亮度和波长有关,比如黄光比红光亮。

3. 物理学和色度学

物理学研究的是光的客观属性及其规律,色度学研究的是人眼感知的主观属性及其规律,所以色度学是建立在人眼的基础之上的。

2.3.2 人眼、三原色

1. 人眼

人眼的锥状体可以感受颜色。实际上,人类有三种锥细胞,分别主要感受红色、蓝色、绿色。红色光刺激红细胞,蓝色光刺激蓝细胞,绿色光刺激绿细胞,而黄色光既可以刺激绿细胞,也可以刺激红细胞。

2. 色光三原色

根据不同光刺激不同细胞的规律,得到色光三原色的色谱图,如图 2-4 所示。

该图表明,特定的纯绿光与纯红光混合产生的黄色光,在视觉刺激效果上与特定的纯黄色光对人类视觉系统的作用是等效的,即人眼无法区分这两种光刺激。尽管在物理学上,这两种光在光谱组成上存在显著差异。

3. 颜料三原色

颜料的三原色,完全和色光的三原色相反。

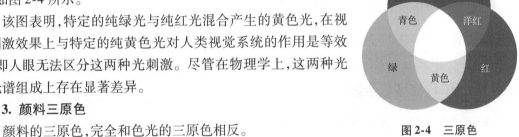

图 2-4 三原色

2.3.3 色度图

由于人眼接受刺激的规律是线性的,所以所有的颜色都可以画在一个二维平面内,并且满足:所有能由 A 色和 B 色混合而成的颜色对应的点,都在 A 点和 B 点连成的线段上。反之,A 点和 B 点连成的线段上任意一点对应的颜色,都可以由 A 色和 B 色混合而成。这就是色度图,如图 2-5 所示。

看起来有些颜色不在图中,这是受限于显示器的显示能力,这幅图表达的颜色和我们实际感知的颜色不完全相同。

横坐标是红色光的比例,纵坐标是绿色光的比例,显然色度图分布在第一象限,而且全部在直线 $x+y=1$ 的下面。

2.3.4 波长和颜色

为什么红色光和紫色光的波长差别很大,但是看起来却比较接近?

第一,人眼是无法分辨复合光和纯色光的,因此在讨论纯色光时,波长的概念在感知层面上并不具备实质性意义。

第二,单从色度图上的距离来看,紫色和红色的距离确实比绿色和红色的距离小很多。

第三，显示器受硬件能力限制，并不能显示出所有颜色。

第四，人眼对于颜色相似度的感知，并不等于色度图上的距离。

如图 2-6 所示，椭圆的方向指示出，紫色和红色容易混淆，绿色和青色容易混淆，而绿色和黄色不容易混淆，绿色和红色更不容易混淆。

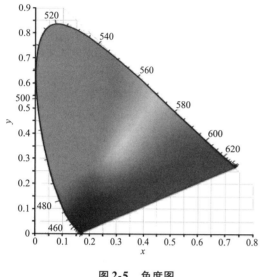

图 2-5　色度图

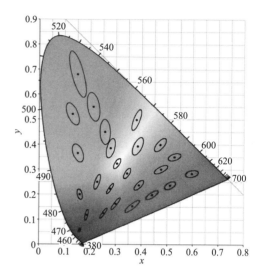

图 2-6　标记色度图

2.3.5　RGB 模型显示器

RGB 模型的显示器，其实就是在色度图中选出三个点，也就是显示器能显示出的最接近纯红、纯蓝、纯绿的颜色，而三个点组成的三角形范围，就是显示器能显示出来的所有颜色，如图 2-7 所示。

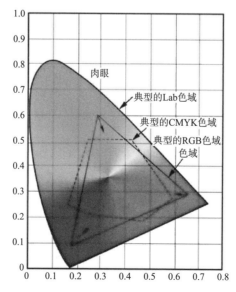

图 2-7　显示三点范围色度图

2.3.6 互补色、色相环

互补色在光学和美术中的定义有所不同,因此互补色关系也略有差异。

光学互补色是指两种色光以适当比例混合能产生白色,即在色度图上连线经过白色,那么就是互补色。这种互补关系是基于光的加色原理,即不同波长的光叠加在一起可以形成白光。在色度学中,通常使用 CIE 1931 色彩空间来表示颜色,其中任何两种颜色的连线如果经过白点,则这两种颜色就是光学互补色。例如,红色光(620~750 nm)和青色光(大约 495~490 nm)混合可以得到白色光,因此它们是一对光学互补色。

美学互补色,又称为色的互补色或装饰性互补色,是指处在色相环上以环中心对称位置的颜色。色相环是将按光谱排序的长条形色彩序列首尾连接形成的环,如图 2-8 所示。互补色在视觉上形成强烈对比,当放在一起时,可以相互增强对方的视觉效果,使彼此看起来更加鲜明。例如,在传统的色相环上,红色的互补色是绿色,蓝色的互补色是橙色,黄色的互补色是紫色。这些颜色对在艺术和设计中经常被用来吸引注意力或创造动态的视觉效果。

总结来说,光学互补色是基于光的物理性质的,涉及光的波长和加色原理;而美学互补色则是基于人的视觉感知和色彩心理学,用于艺术和设计中的色彩搭配。两者虽然都称为"互补色",但所依据的原理和应用背景完全不同。

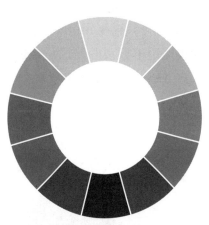

图 2-8 色相环

2.3.7 常用颜色模型

颜色模型是指某个三维颜色空间中的一个可见光子集,包含某个颜色域的所有颜色。

颜色模型的主要作用是在某个颜色域内方便地指定颜色;在某种特定环境中对颜色的特性和行为的解释方法。没有一种颜色模型能解释所有的颜色问题,可使用不同模型帮助说明所看到各种颜色特征。

不同场景常用颜色模型,如彩色 CRT 显示器使用 RGB 模型。印刷行业使用 CMY 模型。

根据图像处理应用,颜色模型可以分为面向设备、面向用户、面向计算三类。

1. 面向设备的颜色模型

(1) RGB 颜色模型,基于红绿蓝三原色定义加色系统;采用三维直角坐标系,RGB 立方体;每个彩色点采用(R,G,B)表示,[0,1]或[0,255],如图 2-9 所示。

所覆盖的颜色域取决于显示设备荧光点的颜色特性,与其他硬件无关。

(2) CMY 颜色模型,如图 2-10 所示,基于青、品红、黄的减色系统,常用于从白光中滤去某种颜色,对 RGB

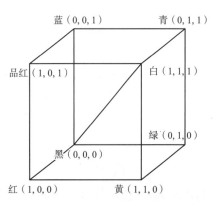

图 2-9 RGB 立方体

模型的直角坐标系的子空间作下述变换即可获得 CMY 颜色模型直角坐标系的子空间：

$$C = 1 - R$$
$$M = 1 - G$$
$$Y = 1 - B$$

印刷设备的颜色处理：在白纸面上涂黄色和品红色，纸面上将呈现红色，因为白光被吸收了蓝光和绿光，只能反射红光。

2. 面向用户的颜色模型

HSV(hue saturation value)颜色模型对应于圆锥形，如图 2-11 所示。圆锥的顶面对应于 V = 1(亮度)；色度 H 由绕 V 轴的旋转角给定；饱和度 S 取值从 0 到 1，由圆心向圆周过渡。顶面包含 RGB 模型中三个面；纯色：最大顶面圆；圆锥顶点，H,S 无定义；圆锥顶面中心 H 无定义；一种颜色与补色差 180°。

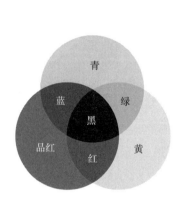

图 2-10　CMY 颜色模型

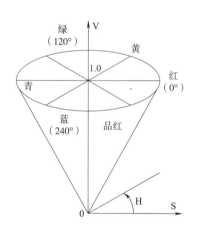

图 2-11　HSV 颜色模型

HSV 模型对应画家的配色的方法：用改变色浓和色深的方法从某种纯色获得不同色调的颜色，具有 S = 1 和 V = 1 的任何一种颜色相当于画家使用的纯颜色；纯色中加入白色(降低 S 值，V 值不变)以改变色泽；加入黑色(降低 V 值，而 S 值不变)以改变色深；同时加入不同比例的白色、黑色(同时降低 S 和 V)即可得到不同色调的颜色。

HSL 颜色模型与 HSV 的色彩空间几乎相同，HSV 模型以单锥体表示，HSL 模型增加了模型的复杂性，以双锥体表示。

3. 面向计算的颜色模型

Lab 模型是以数字化方式来描述人的视觉感应，能表现人们肉眼能感知的色彩。

 2.4　灰度直方图

在数字图像处理的领域中，灰度直方图是一项关键的工具，通过对图像的像素灰度级别进行统计，展示了图像灰度分布的全貌。灰度直方图提供了深入理解图像亮度和对比度特征的途径，为各种图像处理任务提供了重要的信息基础。通过分析和解释灰度直方图，我们能够更

好地了解图像的特性,从而选择合适的处理方法以满足特定应用的需求。灰度直方图的概念简单而强大,它反映了图像中各个灰度级别所包含的像素数量或百分比。通过直观地显示图像的整体亮度和对比度分布,灰度直方图为图像处理者提供了重要的参考,帮助他们优化图像质量、进行图像增强、进行分割和识别等任务。

在本节中,我们将深入研究灰度直方图的构建方法、基本特性以及在数字图像处理中的广泛应用。从理论到实践,我们将揭示灰度直方图作为图像处理中不可或缺的工具所发挥的重要作用,并展示如何运用这一工具以优化图像质量和实现各种实际应用目标。通过深入理解灰度直方图,我们能够更加精准地定制图像处理策略,从而更好地满足不同领域对图像质量和特征的需求。

2.4.1 灰度直方图的概念

灰度直方图是数字图像处理中用于描述图像灰度级别分布的一种图形表示方式。它通过统计图像中各个灰度级别的像素数量或像素百分比,展示了图像灰度分布的整体特征。灰度直方图提供了有关图像亮度和对比度的重要信息,是许多图像处理任务的基础。在灰度直方图中,横轴表示图像的灰度级别,通常从 0 到 255,每个灰度级别对应直方图上的一个条形。纵轴表示图像中拥有相应灰度级别的像素数量或像素百分比。因此,灰度直方图是一种分布图,通过直观的形式展示了不同灰度级别在整个图像中的相对分布情况。

1. 构建方法

构建灰度直方图的基本步骤包括:

(1)初始化:创建一个包含 256 个元素的数组,每个元素对应一个灰度级别,用于存储该灰度级别在图像中出现的像素数量。

(2)遍历图像:对图像中的每个像素,将其灰度值作为索引,对应的直方图元素加一。

(3)归一化(可选):将直方图的值进行归一化,以得到像素的相对分布或像素的百分比。

2. 图像特性的反映

灰度直方图反映了图像的整体亮度和对比度特性。在直方图中,峰值表示图像中灰度较为集中的区域,而波谷表示较为稀疏的区域。通过观察直方图的形状,可以初步判断图像的明暗分布和对比度水平。

3. 应用领域

灰度直方图在数字图像处理中有广泛的应用,包括但不限于:

(1)亮度和对比度调整:通过分析直方图,可以调整图像的整体亮度和对比度,使图像更符合观察者的感知。

(2)直方图均衡化:通过改变直方图的分布,使图像具有更均匀的灰度分布,提高图像的对比度。

(3)图像分割:通过寻找直方图的波峰和波谷,可以确定图像中的不同物体或区域,用于图像分割任务。

(4)图像质量评估:分析直方图的形状可以提供关于图像质量的信息,例如是否存在过曝或欠曝现象。

灰度直方图作为一种直观且有力的工具,为图像处理者提供了深入了解图像特性的途径,为各种图像处理任务提供了有力支持。通过充分理解和运用灰度直方图,可以更精准地制定图像处理策略,提高图像处理的效果和效率。

以下是一个简单的 Python 代码示例,演示了如何使用这两个库计算和绘制灰度直方图:

```python
import cv2
import numpy as np
import matplotlib.pyplot as plt

# 读取图像
image_path = "path/to/your/image.jpg"
image = cv2.imread(image_path, cv2.IMREAD_GRAYSCALE)

# 计算灰度直方图
histogram, bins = np.histogram(image.flatten(), bins=256, range=[0,256])

# 绘制灰度直方图
plt.figure(figsize=(10, 5))
plt.plot(histogram, color='black')
plt.xlabel('灰度级别')
plt.ylabel('像素数量')
plt.title('灰度直方图')
plt.grid(True)
plt.show()
```

请确保在运行此代码之前,已经安装了 NumPy、Matplotlib 和 OpenCV 库,或可以使用以下命令进行安装:

```
pip install numpy matplotlib opencv-python
```

在这段代码中,首先使用 OpenCV 库读取一张灰度图像。然后使用 NumPy 的 histogram 函数计算图像的灰度直方图。最后,使用 Matplotlib 库将直方图绘制出来。

请注意,这只是一个简单的示例,实际应用中可能需要根据具体任务进行更复杂的处理。例如,可以使用 OpenCV 的直方图均衡化功能 cv2.equalizeHist 来增强图像的对比度。

2.4.2 构建灰度直方图的方法

构建灰度直方图的基本步骤包括遍历图像的所有像素,统计每个灰度级别的像素数量。依据构建灰度直方图的一般步骤进行构建。

完整的代码示例如下:

```python
import cv2
import numpy as np
import matplotlib.pyplot as plt

# 读取图像
image_path = "path/to/your/image.jpg"
```

```python
image = cv2.imread(image_path, cv2.IMREAD_GRAYSCALE)

# 初始化直方图数组
histogram = np.zeros(256, dtype = int)

# 获取图像的高度和宽度
height, width = image.shape[:2]

# 遍历图像像素,构建直方图
for i in range(height):
    for j in range(width):
        pixel_value = image[i, j]
        histogram[pixel_value] += 1

# 归一化直方图
total_pixels = height * width
normalized_histogram = histogram / total_pixels

# 绘制直方图
plt.figure(figsize = (10, 5))
plt.plot(normalized_histogram, color = 'black')
plt.xlabel('灰度级别')
plt.ylabel('像素百分比')
plt.title('归一化灰度直方图')
plt.grid(True)
plt.show()
```

以上代码展示了构建灰度直方图的基本步骤,并使用 Matplotlib 库将归一化后的直方图进行可视化。在实际应用中,可能还需要根据具体需求对直方图进行进一步的分析和处理。

2.4.3 灰度直方图的应用

1. 亮度和对比度调整

亮度调整:亮度是图像整体的明亮程度。通过调整图像的亮度,可以使整个图像变得更明亮或更暗。亮度调整通常通过增加或减少每个像素的灰度值来实现。例如,可以将每个像素的灰度值都增加固定的值,使整个图像变亮,或者减少固定的值,使整个图像变暗。

对比度调整:对比度表示图像中灰度级别的差异程度。通过调整图像的对比度,可以增强或减弱图像中不同灰度级别之间的差异。对比度调整通常通过线性拉伸或压缩灰度值范围来实现。拉伸范围可以增加对比度,而压缩范围则减少对比度。

在实际应用中,可以根据灰度直方图的形状来判断图像的亮度和对比度情况,从而选择合适的调整策略。例如,如果灰度直方图的分布在较低灰度级别或较高灰度级别过于集中,可能需要进行亮度调整;如果灰度直方图的范围较窄,可以考虑增加对比度。

2. 直方图均衡化

直方图均衡化是一种用于增强图像对比度的图像处理技术。它通过重新分布图像的灰度级别,使得图像的灰度直方图更加均匀,从而提高图像的整体对比度。这个过程可以使暗部和亮部的细节更为突出,改善图像的视觉效果。

直方图均衡化的基本思想是将原始图像中的灰度分布映射到一个更均匀的直方图。这个映射函数可以通过以下步骤来计算:

(1)计算原始图像的灰度直方图:统计原始图像中每个灰度级别的像素数量。

(2)计算累积分布函数(CDF):计算原始直方图的累积分布函数,即将每个灰度级别的像素数量累积起来的函数。

(3)归一化:将 CDF 归一化到[0,1]范围内,确保映射函数的输出在合理范围内。

(4)映射:将原始图像中每个像素的灰度值替换为映射函数的输出值。

这样,经过直方图均衡化后,原始图像中的灰度级别将更均匀地分布在整个灰度范围内。

在实际应用中,可以使用各种图像处理工具和库来实现直方图均衡化。以下是使用 Python 和 OpenCV 进行直方图均衡化的简单示例:

```
import cv2
import matplotlib.pyplot as plt

# 读取图像
image = cv2.imread('your_image_path.jpg', cv2.IMREAD_GRAYSCALE)

# 进行直方图均衡化
equalized_image = cv2.equalizeHist(image)

# 显示原始图像和均衡化后的图像
plt.subplot(1, 2, 1)
plt.imshow(image, cmap = 'gray')
plt.title('原始图像')

plt.subplot(1, 2, 2)
plt.imshow(equalized_image, cmap = 'gray')
plt.title('均衡化后的图像')

plt.show()
```

在示例代码中,cv2.equalizeHist 函数用于进行直方图均衡化。通过对比显示原始图像和均衡化后的图像,可以直观地看到对比度的改善效果。

3. 图像分割

图像分割是图像处理中的一个重要任务,它指的是将图像划分成不同的区域或对象,以便更好地理解和分析图像中的内容。图像分割可以用于目标检测、物体识别、医学图像分析等领域。在这个过程中,灰度直方图也可以作为一个有用的工具,帮助选择适当的阈值或方法来实现分割。

以下是一些常见的图像分割方法,其中一些方法可能涉及对灰度直方图的分析:

(1)阈值分割:这是一种简单但有效的分割方法,基于设定的灰度阈值将图像分成两个区域(前景和背景)。阈值的选择可以通过分析灰度直方图来进行,如使用 Otsu 方法(又称大律法)。

(2)区域生长:区域生长是一种基于像素相似性的分割方法。从种子像素开始,通过合并相邻像素的方式来扩展区域。相似性的度量通常与灰度直方图或其他像素特征有关。

(3)边缘检测:边缘检测可以用于找到图像中物体的边界。一些边缘检测算法可能通过灰度梯度的分析来实现,而这也涉及对灰度直方图的理解。

(4)聚类方法:聚类算法可以通过将像素分组到不同的类别来实现图像分割。K均值聚类等方法可能依赖于对灰度分布的了解。

在实际应用中,选择适当的图像分割方法取决于特定问题和图像的性质。对于一些方法,灰度直方图的形状和特征可以提供有关图像内容的信息,从而有助于选择合适的参数或算法。

4. 图像质量评估

图像质量评估是评估图像在视觉上或任务上的表现的过程。灰度直方图在图像质量评估中可以发挥重要作用,因为直方图提供了有关图像分布和对比度的信息。以下是一些常见的图像质量评估方法和它们与灰度直方图的关系:

(1)对比度度量:通过分析灰度直方图,可以获取有关图像对比度的信息。对比度是图像中不同灰度级别之间差异的度量。对比度较低的图像可能表现为直方图中灰度级别分布集中,而对比度较高的图像可能表现为直方图分布较广。

(2)均匀性度量:图像均匀性指的是图像中灰度级别分布的均匀性。直方图均衡化是提高图像均匀性的一种方法。均匀的直方图表示图像中的灰度级别分布比较平均,而不均匀的直方图表示一些灰度级别占主导地位。

(3)亮度评估:通过灰度直方图的分析,可以得到图像的亮度分布信息。亮度评估可以用于确定图像是否过暗或过亮,并帮助调整图像以提高视觉效果。

(4)模糊度度量:一些图像质量评估方法涉及对图像的模糊性进行分析。模糊图像可能表现为直方图中的灰度级别分布模糊或集中。

(5)颜色偏移:对于彩色图像,可以通过分析直方图来检测颜色偏移。颜色偏移可能表现为直方图在某些颜色通道上的不对称分布。

在实际应用中,图像质量评估通常需要多个指标的综合考虑。一些常用的图像质量评估指标包括结构相似性指数(structural similarity index,SSIM)、峰值信噪比(peak signal to noise ratio,PSNR)等,这些指标可以基于像素级别或结构级别的比较,同时考虑亮度、对比度和结构等因素。

灰度直方图作为数字图像处理中的基础工具,为我们提供了深入理解图像特性的途径。通过详细分析直方图,我们能够进行有针对性的图像处理操作,从而达到调整图像外观、增强图像质量、进行分割等多种目的。在数字图像处理的实践中,熟练运用灰度直方图分析方法将有助于更好地理解和应用各种图像处理技术。

2.5 图像文件格式

图像文件格式是用于存储和传输数字图像的特定结构和规范。不同的文件格式支持不同的压缩算法、颜色空间、透明度等特性,因此在选择图像文件格式时,需要考虑到应用的需求和要求。

本节将讨论图像文件格式的基本概念,介绍一些常见的图像文件格式,以及它们在不同应用中的特点和使用场景。这对于图像处理、计算机视觉和多媒体应用的开发和理解都比较重要。

2.5.1 JPEG

JPEG 是一种常见的图像压缩标准,由联合摄影专家组(joint photographic experts group)制定。JPEG 图像文件格式以.jpg 或.jpeg 为扩展名。JPEG 压缩是一种有损压缩方法,它通过牺牲一些图像细节来减小文件大小,从而更适合用于存储、传输照片和彩色图像。

1. 特点和优势

有损压缩:JPEG 使用有损压缩算法,这意味着压缩后的图像文件相对较小,适合在有限的存储空间和带宽下传输。

彩色图像支持:JPEG 广泛用于存储彩色图像,尤其是照片。它支持 24 位色彩,能够呈现数百万种颜色。

广泛应用于摄影:由于其压缩效率和对彩色图像的支持,JPEG 是数字摄影中最常见的图像格式之一。

调整压缩质量:JPEG 允许用户在图像保存时选择不同的压缩质量,以权衡图像质量和文件大小。

2. 缺点和注意事项

有损压缩损失信息:由于是有损压缩,JPEG 在压缩时会损失一些细节和图像信息。这可能导致在多次保存后图像质量下降。

不支持透明度:JPEG 不支持图像的透明度通道。对于需要透明背景的图像,PNG 可能是更好的选择。

非无损格式:对于需要完全无损保存图像的应用,如医学图像或一些工程图像,JPEG 可能不是最佳选择,因为它会引入一些失真。

总体而言,JPEG 是一种通用且广泛支持的图像格式,适用于需要高度压缩的彩色图像场景,如数字摄影、Web 图像和一般图像分享。

2.5.2 PNG

PNG(portable network graphics)是一种无损图像压缩格式,它旨在替代 GIF 格式,并提供对透明度的支持。PNG 以.png 为文件扩展名,广泛用于 Web 图像、图形设计和其他需要高质量图像的领域。

1. 特点和优势

无损压缩:PNG 使用无损压缩算法,确保图像质量在保存和重新保存时不会降低。这使得它适用于需要完全保留图像细节的场景,如医学图像或工程图像。

支持透明度:PNG 支持透明度,可以创建具有半透明或完全透明背景的图像。这使得它成为设计图形和 Web 图像中常见的选择。

无版权限制:PNG 是一种开放标准,没有涉及专利和版权问题,可免费使用,使其成为广泛采用的图像格式。

支持多种颜色深度:PNG 支持灰度、索引颜色和真彩色图像,使其适用于不同的图像需求。

2. 缺点和注意事项

文件大小相对较大：对比于 JPEG，PNG 文件大小相对较大，这在一些对文件大小要求敏感的应用中可能不是最佳选择。

不适用于摄影：PNG 通常不是存储摄影图像的首选，因为相对于 JPEG，PNG 文件大小更大，而且不支持在同一文件中压缩多个图像。

总体而言，PNG 是一种适用于需要透明度支持且对图像质量要求较高的场景的图像格式，如图形设计、Web 图像、图标等。

2.5.3 GIF

GIF（graphics interchange format）是一种支持多帧动画和透明度的图像文件格式，由 CompuServe 开发。GIF 以.gif 为文件扩展名，最初设计用于在网络上共享图形。

1. 特点和优势

支持多帧动画：GIF 支持将多个图像帧存储在同一个文件中，以创建简单的动画。这使得它成为 Web 上常见的动画图像格式。

透明度支持：GIF 支持单一颜色的透明度，可以创建具有透明背景的图像。这对于图标和简单动画的设计很有用。

压缩算法：GIF 使用 LZW 压缩算法，可以有效地减小文件大小。它是一种有损压缩，但压缩程度相对较小，适用于图像和简单动画。

无专利费用：GIF 是一种开放格式，没有专利费用，可以免费使用，这有助于其在网络上的广泛应用。

2. 缺点和注意事项

有限颜色：GIF 最多支持 256 种颜色，这可能在一些需要更丰富颜色的图像中限制了它的使用。

不适用于照片：由于颜色限制和有损压缩，GIF 通常不是存储照片的首选格式。

不支持真彩色：由于颜色限制，GIF 不适用于需要展示数百万种颜色的真彩色图像。

总体而言，GIF 适用于存储简单动画、图标以及需要透明度的图像，而不适用于需要更高颜色深度或更高质量图像的场景。

2.5.4 BMP

BMP 是一种图像文件格式，是 Windows 平台上最常见的无压缩图像格式之一。BMP 以.bmp 为文件扩展名，它存储图像的像素数据，对图像进行像素级别的编码，以及图像文件的文件头和信息头。

1. 特点和优势

无压缩：BMP 使用无压缩的编码方式，每个像素都有自己的颜色信息。这使得 BMP 文件通常比使用有损压缩的格式更大。

支持真彩色：BMP 支持真彩色图像，每个像素可以具有数百万种颜色。这使得它适用于需要高质量图像的场景。

简单结构：BMP 文件的结构相对简单，易于理解和处理。它包含一个文件头、位图信息头和像素数据。

广泛兼容:BMP 是一种通用的图像格式,几乎所有图像处理软件都能够读取和写入 BMP 文件。

2. 缺点和注意事项

文件大小较大:由于是无压缩格式,BMP 文件通常比其他格式的文件大,这可能不适合网络传输或存储空间有限的场景。

不支持透明度:BMP 不支持图像的透明度通道,因此不适用于需要透明背景的图像。

不适用于 Web:由于文件大小较大,BMP 通常不是 Web 上共享图像的首选格式,更适合于本地存储或打印应用。

总体而言,BMP 是一种简单、通用的图像格式,适用于本地图像存储、打印和一些图像处理应用。由于其无压缩的特性,对于需要完整图像信息的应用来说是一个合适的选择。

2.5.5 TIFF

TIFF(tagged image file format)是一种灵活、高质量的图像文件格式,以.tiff 或.tif 为文件扩展名。它支持无损压缩和多种颜色模型,是一个广泛用于图像存储和印刷行业的格式。

1. 特点和优势

无损压缩和有损压缩:TIFF 支持无损压缩和有损压缩两种方式,使其适用于需要高质量图像存储的应用。

多种颜色模型:TIFF 支持多种颜色模型,包括灰度、索引颜色、真彩色等,使其适用于不同颜色深度的图像。

多帧支持:TIFF 文件可以包含多帧,适用于存储多页文档或图像序列,如动画。

支持透明度:TIFF 支持透明度通道,可以创建具有透明背景的图像。

广泛兼容:TIFF 是一种通用图像格式,被许多图像处理软件和印刷设备广泛支持。

2. 缺点和注意事项

文件大小相对较大:TIFF 文件通常相对较大,特别是在无损压缩模式下,这可能使其在网络传输和存储空间有限的情况下不太适用。

不适用于 Web:由于文件大小较大,TIFF 通常不是 Web 图像的首选格式,而更适合于专业图像处理和印刷应用。

总体而言,TIFF 是一种灵活、高质量的图像格式,适用于需要保留图像细节和多种颜色模型的应用,如印刷、医学图像和专业图像处理。

2.5.6 WEBP

WEBP 是一种由 Google 开发的图像文件格式,旨在提供更高的压缩效率和更好的图像质量。WEBP 图像文件以.webp 为文件扩展名,主要用于 Web 应用,支持有损压缩和无损压缩。

1. 特点和优势

高压缩效率:WEBP 通过采用先进的压缩算法,通常能够实现比 JPEG 更高的压缩效率,从而减小图像文件的大小。

支持透明度:WEBP 支持透明度通道,允许创建具有透明背景的图像,这使其在 Web 图像和图形设计中更具吸引力。

动画支持：不仅支持静态图像，还支持动画，使其成为一种适用于简单动画的图像格式。

广泛兼容：WEBP 图像格式已经得到许多主流浏览器的支持，包括 Google Chrome、Mozilla Firefox 等，这使得它在 Web 环境中得到广泛应用。

无损压缩：WEBP 支持无损压缩，适用于那些对图像质量要求高且希望保留所有细节的场景。

2. 缺点和注意事项

兼容性：尽管 WEBP 在主流浏览器中得到了广泛支持，但在一些旧版本浏览器或特定环境中可能会遇到兼容性问题。

相对新：由于是相对较新的图像格式，一些图像处理工具和应用可能不完全支持 WEBP，尤其是在一些传统的图像处理流程中。

总体而言，WEBP 是一种在 Web 环境中广泛应用的先进图像格式，它通过高效的压缩和透明度支持，为 Web 图像提供了更好的性能。

2.5.7　SVG

SVG(scalable vector graphics)是一种基于 XML 的矢量图形图像文件格式。与传统的位图图像不同，SVG 图像使用数学描述，因此可以在不失真的情况下无限放大。SVG 文件以 .svg 为文件扩展名。

1. 特点和优势

矢量图形：SVG 是一种矢量图形格式，图像以数学公式描述，可以无限放大而不失真。这使得 SVG 适用于需要高质量并可缩放的图形，如图标和图形设计。

编辑和动画：由于 SVG 是基于 XML 的，它可以通过文本编辑器进行手动编辑，也可以通过 CSS 和 JavaScript 添加动画效果。这使得 SVG 在 Web 设计和交互性图形方面非常灵活。

小文件大小：相对于位图格式，如 JPEG 和 PNG，SVG 文件通常相对较小。这对于 Web 页面的加载速度和性能是有利的。

支持透明度：SVG 支持透明度，可以创建具有透明背景的图像。

文本可读性：由于 SVG 是 XML 格式，可以通过文本编辑器进行编辑，易于理解和修改。

2. 缺点和注意事项

不适用于复杂位图图像：对于包含大量细节和复杂渐变的位图图像，SVG 可能不是最佳选择，因为它的文件大小可能变得相对较大。

兼容性：尽管现代浏览器通常支持 SVG，但在一些旧版本浏览器中可能存在兼容性问题。

总体而言，SVG 是一种灵活且可缩放的图像格式，特别适用于矢量图形，图标和需要在不同尺寸中保持高质量的图形。在 Web 设计和交互性图形中，SVG 具有重要的应用价值。

2.5.8　图像文件格式的选择与应用

在选择图像文件格式时，需要根据具体的应用需求和图像特性进行权衡。如果图像需要保持较高的质量且文件大小不是首要考虑因素，无损压缩格式如 PNG 或 TIFF 可能更合适。而对于需要在网络上传输或存储大量图像的情况,有损压缩格式如 JPEG 或 WEBP 可能更为实用。

图像文件格式在数字图像处理中扮演着至关重要的角色,影响着图像的存储、传输和应用。不同的格式适用于不同的场景,理解各种格式的特点和优缺点对于数字图像处理的实践具有指导意义。在实际应用中,根据图像的具体需求和应用场景选择合适的文件格式将有助于优化图像处理的效果和性能。

2.6 图像的基本运算

图像的基本运算是数字图像处理中常用的操作,通过对图像的像素进行数学运算,实现图像的修改、组合和增强。这些基本运算包括加法、减法、乘法、除法以及阈值运算等。在本小节中,将深入讨论这些基本运算的原理、应用和实际操作。

2.6.1 加法运算

原理:加法运算将两幅图像的对应像素相加,产生一幅新的图像。

$$I_{\text{result}}(x,y) = I_1(x,y) + I_2(x,y)$$

其中,$I_{\text{result}}(x,y)$是新图像的像素值,而 $I_1(x,y)$ 和 $I_2(x,y)$ 分别是两幅原始图像在相同位置的像素值。

下面是一个简单的 Python 代码示例,演示了如何使用 OpenCV 库进行两幅图像的加法运算:

```
import cv2
import numpy as np
import matplotlib.pyplot as plt

# 读取两幅图像
image1 = cv2.imread("path/to/image1.jpg")
image2 = cv2.imread("path/to/image2.jpg")

# 确保两幅图像具有相同的尺寸
image2 = cv2.resize(image2, (image1.shape[1], image1.shape[0]))

# 将两幅图像相加
result_image = cv2.add(image1, image2)

# 显示原始图像和相加后的图像
plt.figure(figsize = (10, 5))

plt.subplot(131)
plt.imshow(cv2.cvtColor(image1, cv2.COLOR_BGR2RGB))
plt.title('Image 1')

plt.subplot(132)
plt.imshow(cv2.cvtColor(image2, cv2.COLOR_BGR2RGB))
```

```
plt.title('Image 2')

plt.subplot(133)
plt.imshow(cv2.cvtColor(result_image, cv2.COLOR_BGR2RGB))
plt.title('Image 1 + Image 2')

plt.show()
```

请注意,这里使用了 OpenCV 的 cv2.add 函数来执行图像的加法运算。确保两幅图像具有相同的尺寸,否则在进行加法运算之前可能需要调整它们的大小。

示例中,左侧两个子图展示了原始的两幅图像,右侧子图展示了两幅图像相加后的结果图像。

这种加法运算的应用场景包括图像的亮度调整、图像的融合以及图像叠加等。

2.6.2 减法运算

原理:减法运算将两幅图像的对应像素相减,产生一幅新的图像。

$$I_{\text{result}}(x,y) = I_1(x,y) - I_2(x,y)$$

其中,$I_{\text{result}}(x,y)$是新图像的像素值,而$I_1(x,y)$和$I_2(x,y)$分别是两幅原始图像在相同位置的像素值。

应用:减法运算通常用于图像比较、图像背景减除以及图像差异分析等。

2.6.3 乘法运算

原理:乘法运算将两幅图像的对应像素相乘,产生一幅新的图像。

$$I_{\text{result}}(x,y) = I_1(x,y) \times I_2(x,y)$$

其中,$I_{\text{result}}(x,y)$是新图像的像素值,而$I_1(x,y)$和$I_2(x,y)$分别是两幅原始图像在相同位置的像素值。

应用:乘法运算常用于图像的调整、增强以及特效添加等。

2.6.4 除法运算

原理:除法运算将两幅图像的对应像素相除,产生一幅新的图像。

$$I_{\text{result}}(x,y) = \frac{I_1(x,y)}{I_2(x,y)}$$

其中,$I_{\text{result}}(x,y)$是新图像的像素值,而$I_1(x,y)$和$I_2(x,y)$分别是两幅原始图像在相同位置的像素值。

应用:除法运算可用于图像的归一化、校正以及图像的相对比例调整。

2.6.5 阈值运算

原理:阈值运算通过将图像中的像素值与预定阈值进行比较,根据比较结果设定像素值。

$$I_{\text{result}}(x,y) = \begin{cases} V_1, \text{if } I(x,y) > \text{阈值} \\ V_2, \text{else} \end{cases}$$

其中，$I_{\text{result}}(x,y)$是新图像的像素值，$I(x,y)$是原始图像在位置(x,y)的像素值，V_1和V_2分别是两个设定的像素值，通常是0和255。

应用：阈值运算常用于图像的二值化，即将图像转换为只包含两个像素值的黑白图像。

下面是一个简单的Python代码示例，演示了如何使用OpenCV库进行图像的阈值运算：

```python
import cv2
import numpy as np
import matplotlib.pyplot as plt

# 读取图像
image_path = "path/to/your/image.jpg"
image = cv2.imread(image_path, cv2.IMREAD_GRAYSCALE)

# 设定阈值
threshold_value = 128

# 使用阈值进行二值化
_, binary_image = cv2.threshold(image, threshold_value, 255, cv2.THRESH_BINARY)

# 显示原始图像和阈值处理后的图像
plt.figure(figsize = (10, 5))

plt.subplot(121)
plt.imshow(image, cmap = 'gray')
plt.title('Original Image')

plt.subplot(122)
plt.imshow(binary_image, cmap = 'gray')
plt.title('Thresholded Image')

plt.show()
```

示例中使用了OpenCV的cv2.threshold函数，通过设定阈值将图像进行二值化。阈值设定为128，当像素值大于阈值时，像素值设置为255；否则，像素值设置为0。最终，展示了原始图像和阈值处理后的图像。

这种阈值运算的应用场景包括图像的二值化处理、目标检测、分割以及轮廓提取等。选择适当的阈值对于不同的应用非常关键，通常需要根据具体任务和图像特性来进行调整。

2.6.6　图像基本运算的综合应用

基本运算可以单独应用，也可以组合使用以实现更复杂的图像处理任务。例如，通过乘法运算调整图像的亮度，再通过阈值运算进行二值化，可以实现简单的图像分割。基本运算在图像处理的众多领域中都扮演着重要的角色，为更高级的图像处理技术和算法提供了基础支持。

图像的基本运算是数字图像处理中不可或缺的一部分,它们为图像的简单处理提供了有效的手段。通过组合这些基本运算,可以实现对图像的多方面调整和操作,从而满足不同应用场景的需求。在实际应用中,灵活运用这些基本运算是进行图像处理的第一步,也为更复杂的图像处理任务奠定了基础。

小 结

本章深入探讨了数字图像处理的基础知识,涵盖了图像数字化的过程、数字图像的显示、色度学基础与颜色模型、灰度直方图、图像文件格式以及图像的基本运算。

本章介绍了图像从连续空间到数字空间的转换过程,涉及采样、量化和编码等步骤。讨论了数字图像的显示原理,包括像素、分辨率、色深等概念,以及图像的显示设备和显示原理。

在色度学基础与颜色模型中探讨了颜色的感知和表示,介绍了常见的颜色模型如RGB、HSV、CMYK等,并讨论了颜色空间的转换。详细介绍了灰度直方图的概念和构建方法,以及如何利用直方图进行图像分析和处理。还介绍了常见的图像文件格式,包括JPEG、PNG、GIF等,以及它们的特点和应用场景。最后介绍了数字图像处理中图像的基本运算,涵盖了加法、减法、乘法、除法和阈值运算等运算方法,以及它们在图像处理中的应用。

思考与练习

一、选择题

1. 一幅灰度级均匀分布的图像,其灰度范围在[0,255],则该图像的信息量为(   )。
   A. 0 B. 255 C. 6 D. 8

2. 图像与灰度直方图间的对应关系是(   )。
   A. 一一对应 B. 多对一 C. 一对多 D. 都不对

3. 以下不是图片格式的是(   )。
   A. JPEG B. MP3 C. GIT D. TIFF

4. 计算机显示设备使用的颜色模型是(   )。
   A. RGB B. HSV C. MY D. 以上都不对

5. 设灰度图中每一个像素点由1个字节表示,则可表示的灰度强度范围是(   )。
   A. 128 B. 256 C. 36 D. 96

6. 一幅 256×256 的图像,若灰度级数为16,则存储它所需的比特数是(   )。
   A. 256 KB B. 512 KB C. 1 MB D. 2 MB

7. 计算机显示器主要采用的彩色模型是(   )。
   A. RGB B. CMY 或 CMYK C. HSI D. HSV

二、判断题

1. 图像分辨率越高,图像质量越好,占用的存储空间越小。   (   )

2. 图像出现马赛克是由于量化层次太少造成的。　　　　　　　　　　（　　）
3. 假彩色图像处理的是自然彩色图像，伪彩色图像处理的是灰度图像。（　　）
4. 图像的平滑滤波，会导致图像模糊不清。　　　　　　　　　　　　（　　）
5. 对比度拉伸能增强图像的对比度。　　　　　　　　　　　　　　　（　　）
6. 电影中的"蓝幕"采用的是灰度窗口变换的方法。　　　　　　　　（　　）
7. 直方图均衡化可以增强整个图像对比度，增加灰度分层。　　　　　（　　）
8. 阈值化会增加图像的细节，改善图像质量。　　　　　　　　　　　（　　）
9. 图像的锐化操作实际上是邻域操作。　　　　　　　　　　　　　　（　　）

三、简答题

1. 什么是数字图像？
2. 什么是直方图？
3. 简述彩色图像常用的彩色模型及其应用场合。

实　　训

1. 通道交换。读取图像，然后将 RGB 通道替换成 BGR 通道。下面的代码用于提取图像的红色通道。注意，cv2. imread( ) 的系数是按 BGR 顺序排列的！其中的变量 red 表示的是仅有原图像红通道的 imori. jpg。

```
import cv2
img = cv2.imread("imori.jpg")
red = img[:, :, 2].copy()
```

输入(imori. jpg)

输出(answers_image/answer_1.jpg)

2. 灰度化（grayscale）。将图像灰度化，灰度是一种图像亮度的表示方法，通过下式计算：
$$Y = 0.2126\ R + 0.7152\ G + 0.0722\ B$$

输入（imori.jpg）

输出（answers_image/answer_2.jpg）

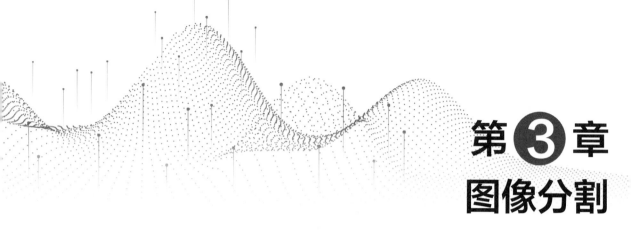

第 3 章 图像分割

学习目标

1. 理解像素邻域和连通性的概念,学习如何使用像素邻域来进行图像滤波和增强。理解连通性的重要性,尤其在图像中的对象分割和特征提取方面。

2. 理解图像分割的基本概念和应用领域。掌握不同的图像分割方法,包括阈值分割、边缘检测、霍夫变换和区域生长法。学习如何选择合适的分割方法,根据特定任务的需求。

3. 掌握图像阈值分割的基本原理和目标。了解常见的阈值分割方法,如全局阈值和自适应阈值。学习如何应用阈值分割来将图像分成不同的区域,例如,二值化、多级分割等。

4. 理解边缘在图像中的重要性,以及边缘检测的应用。学习常见的边缘检测算法,如 Sobel、Canny 和 Laplacian 算子。掌握如何使用边缘检测来检测图像中的物体边界和特征。

5. 了解霍夫变换的基本原理和历史背景。学习如何使用霍夫变换来检测图像中的直线和圆。掌握霍夫变换在计算机视觉中的应用,如目标检测和图像分析。

6. 理解区域生长法的概念和工作原理。学习如何使用区域生长法来将相邻像素组合成具有相似特征的区域。掌握区域生长法在图像分割中的应用,如医学图像分析和遥感图像解译。

知识导图

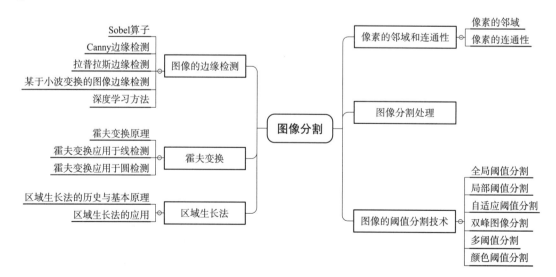

图像分割(image segmentation)是计算机视觉领域的一个重要任务,它涉及将一幅图像分成若干个具有特定语义或视觉特征的区域。这个任务在许多应用中具有重要价值,如医学影像分析、自动驾驶、物体识别与跟踪、图像编辑等领域。随着深度学习技术的快速发展,图像分割取得了显著的进展,特别是卷积神经网络(CNN)的出现,为实现更准确和高效的分割提供了强大的工具。在过去的几年中,图像分割的研究已经从传统的基于手工特征提取的方法向深度学习方法过渡。深度学习方法利用卷积神经网络可以自动地学习到图像中的特征,从而在图像分割任务上表现出色。这种过渡已经在各种领域中带来了显著的突破,包括语义分割、实例分割、轮廓检测等。

然而,图像分割仍然面临许多挑战。其中一些挑战包括处理不均匀光照、复杂背景、遮挡和图像中的小物体等问题。此外,图像分割还需要大量标记数据,这在某些应用中可能是昂贵和耗时的。因此,研究人员一直在努力改进算法以应对这些挑战,包括半监督学习、迁移学习和生成对抗网络等技术的应用。

本章将深入探讨图像分割的最新发展和技术,并讨论一些应用案例。还将关注深度学习方法在图像分割中的应用,以及未来可能的研究方向。通过了解图像分割的过渡性发展,我们可以更好地理解这一领域的潜力和挑战,以及如何将其应用到实际问题中。

3.1 像素的邻域和连通性

像素的邻域和连通性是图像处理和图像分割中的基本概念,它们对于理解和处理图像数据非常重要。

3.1.1 像素的邻域

1. 像素

图像由许多小的单元构成,每个单元称为像素,它是图像处理的最基本单元,通常表示为二维矩阵中的一个元素。

2. 像素的邻域

像素的邻域是指与特定像素在图像中相邻的像素集合。邻域的大小和形状可以根据任务和方法而变化。按照不同邻接性质通常分为4邻域、8邻域、D邻域。

3. 4邻域和8邻域

在二维图像中,通常有两种常见的邻域定义。4邻域包括像素的上、下、左、右四个相邻像素,而8邻域还包括对角线方向上的四个像素。

(1) 4邻域:以当前像素为中心位置,其中上、下、左、右的四个像素就是当前像素的4邻域。我们使用$N_4(p)$来表示像素点p的4邻域。对于位于(x,y)的p点来说,4领域的四个像素分别是:$(x,y-1)$、$(x,y+1)$、$(x-1,y)$、$(x+1,y)$,如图3-1所示。

(2) 8邻域:以当前像素为中心位置,其中上、下、左、右、左上、右上、左下、右下的八个像素就是当前像素的8邻域,我们使用$N_8(p)$来表示像素点P的8邻域。对于位于(x,y)的p点来说,8领域的四个像素分别是:$(x,y-1)$、$(x,y+1)$、$(x-1,y)$、$(x+1,y)$、$(x-1,y+1)$、$(x+1,y-1)$、$(x-1,y-1)$、$(x+1,y+1)$,如图3-2所示。

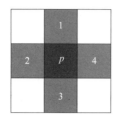

图 3-1 4 邻域示意图

图 3-2 8 邻域示意图

4. 邻域操作

图像的邻域操作是指输出图像的像素点取值,由输入图像的某个像素点及其邻域内的像素,通常像素点的邻域是一个远小于图像本身尺寸、形状规则的像素块。通过操作像素的邻域,可以进行各种图像处理任务,如平滑、锐化、特征提取等。输入灰度图像 A,返回图像 B,按照尺寸 $m \times n$ 滑动邻域,利用运算函数 fun 处理后得到结果。再在该函数中返回图像 B,它是输入的索引图像 A 填充后的结果。如图像 A 的数据类型是浮点型,则用"1"填充;如果是逻辑型或者无符号整型,则用"0"填充。这里以 lena 图为例。其相应结果如图 3-3 所示,相应代码如下:

```
import cv2
import numpy as np
import matplotlib.pyplot as plt

# Load the image
A = cv2.imread('lena.jpg')

# Convert the image to grayscale
A_gray = cv2.cvtColor(A, cv2.COLOR_BGR2GRAY)
A1 = A_gray.astype(np.float64)

# Rest of your code remains the same
def std2(x):
    return np.std(x)

B1 = cv2.copyMakeBorder(A1, 1, 1, 1, 1, cv2.BORDER_CONSTANT)
B1 = np.array([[std2(B1[i-1:i+2, j-1:j+2]) for j in range(1, B1.shape[1]-1)] for i in range(1, B1.shape[0]-1)], dtype=np.float64)

def max2(x):
    return np.max(x)

B2 = cv2.copyMakeBorder(A1, 1, 1, 1, 1, cv2.BORDER_CONSTANT)
B2 = np.array([[max2(B2[i-1:i+2, j-1:j+2]) for j in range(1, B2.shape[1]-1)] for i in range(1, B2.shape[0]-1)], dtype=np.float64)

B3 = cv2.copyMakeBorder(A1, 4, 4, 4, 4, cv2.BORDER_CONSTANT)
B3 = np.array([[max2(B3[i-4:i+5, j-4:j+5]) for j in range(4, B3.shape[1]-4)] for i in range(4, B3.shape[0]-4)], dtype=np.float64)
```

```
plt.figure(1)
plt.subplot(1, 3, 1), plt.imshow(B1, cmap = 'gray')
plt.subplot(1, 3, 2), plt.imshow(B2, cmap = 'gray')
plt.subplot(1, 3, 3), plt.imshow(B3, cmap = 'gray')
plt.show()
```

(a) lena彩图　　　　　　　　　　(b) lena灰度图

(c) lena结果图

图 3-3　lena 图像邻域操作示例

3.1.2　像素的连通性

1. 连通性

连通性描述了图像中像素之间的连接关系。它有助于定义和理解图像中的对象、区域或特征。

邻接性质表示了像素之间的邻接关系,对于图像中的任意两个像素点 p 和 q 可以定义其之间的连通关系,需要满足两个必要条件:

(1) 两个像素的位置是否相邻。

(2) 两个像素的颜色值或者灰度值是否满足特定的相似性准则。

2. 4 连通和 8 连通

与像素的邻域相似,连通性也有 4 连通和 8 连通两种常见定义。4 连通表示像素在上、下、左、右四个方向上连接,而 8 连通包括对角线方向的连接。

(1) 4 连通:对于具有相同灰度值的两个像素点 p 和 q,如果 $q \subset N_4(p)$ 则两点 4 连通,如图 3-4 所示。

(2) 8 连通:对于具有相同灰度值的两个像素点 p 和 q,如果 $q \subset N_8(p)$ 则两点 8 连通,如

图 3-5 所示。

图 3-4　4 连通示意图

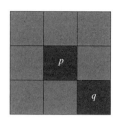
图 3-5　8 连通示意图

3. 连通组件

连通性有助于将图像中的像素分成不同的组件,其中具有相同连通性的像素属于同一组件。这对于图像分割和物体识别非常重要。

连通组件通常用于图像分析和对象识别,它可以帮助识别图像中的不同对象或区域。通常,进行连通组件分析的步骤包括:二值化、连通组件标记、特征提取、对象分割、对象分析。

连通组件分析在许多领域中有广泛的应用,包括字符识别、医学图像处理、物体检测和计算机视觉任务。它有助于将图像中的不同区域或对象进行分离和分析,为自动化图像处理和分析提供了重要的工具。

4. 连通性在分割中的应用

在分割任务中,通过检测像素之间的连通性,可以将具有相似特征的像素或区域组合成对象或物体。例如,在二值图像中,通过连通性可以将对象与背景分开。连通性的关系有很多种,如弱连通性、强连通性、块连通分量、树。

(1)弱连通性:弱连通性通常用于有向图(图中的边带有方向)中,它指的是从一个节点到另一个节点存在有向路径,但不要求存在双向路径。这意味着在一个弱连通的有向图中,你可以从一个节点到达另一个节点,但反之未必成立。弱连通性通常用于处理有向图中的连通性问题。

(2)强连通性:强连通性与弱连通性相似,只不过它对于有向图有了更强的要求。一个有向图(有方向的图)是强连通的,如果从图中的任意一个节点出发,可以通过有向边到达图中的任何其他节点,无论方向如何。强连通性强调了有向图中的节点之间的互通性,即从一个节点到另一个节点存在至少一条有向路径。

(3)块连通分量:在一个有向图中,强连通性可以将图划分为不同的块连通分量。块连通分量是指图中的节点子集,其中的任意两个节点都是互相可达的,即它们构成一个强连通子图。每个块连通分量本身是一个强连通子图,而且它们之间没有额外的有向边连接。

(4)树:树是一种无环的连通图,其中有且仅有一个节点被定义为树的根节点,其余节点通过边与根节点连接,形成树的分支结构。树不包含任何回路或环。树是一种特殊的图,通常用于表示层次关系、分支结构或家族关系。

3.2　图像分割处理

图像分割是一项引人注目的图像处理任务,它在计算机视觉、医学影像、自动化控制、地理信息系统和许多其他领域中发挥着重要作用。在图像分割中,我们努力将一幅图像细分成具有特定属性或特征的区域,这有助于我们理解图像中的不同部分以及它们之间的关系。这项任务不仅为机器视觉系统提供了重要信息,还为人类观察者提供了更好的图像理解。

图像分割的基本流程通常包括图像获取、预处理、任务选择、分割方法的应用、后处理、结果可视化、结果分析等。

(1)图像获取:通过获取一张要进行分割的图像。这张图像可以是来自照相机、扫描仪、传感器或其他任意图像源的数字图像。

(2)预处理:在进行分割之前,通常需要对图像进行一些预处理,以改善分割结果。预处理可以包括去噪、增强、彩色空间转换等操作。

(3)任务选择:选择适合任务的分割方法。这可以根据应用的具体需求来选择,在此过程中可以包括阈值分割、区域生长、边缘检测、深度学习方法等方法。

(4)分割方法的应用:根据所选的分割方法,将其应用于图像并执行分割。这一步骤会根据具体的方法而在应用时有所不同。

(5)后处理:对分割结果进行后处理,以进一步改善分割的质量。后处理可以包括去除小区域、区域合并、平滑等方法。

(6)结果可视化:通常,分割结果需要进行可视化,以便用户或算法能够理解分割的效果。这可以包括在原始图像上绘制分割边界或在分割区域上着色。

(7)结果分析:根据应用需求,分析分割的结果,可能包括对象计数、面积测量、对象分类等。

这些步骤构成了图像分割的一般流程。具体的分割方法和工具可以根据应用领域和任务的不同而有所不同。在实际应用中,也需要考虑计算效率、精度和实时性等因素来选择合适的方法和工具。

3.3 图像的阈值分割技术

图像的阈值分割技术是数字图像处理中的一种常见方法,用于将图像分为不同的区域或对象,其中每个区域具有相似的像素特性。这一过程通过选择适当的阈值来实现,将像素分为两个或多个类别,通常是前景和背景。

3.3.1 全局阈值分割

全局阈值分割是一种简单而常见的图像分割方法,适用于具有相对均匀背景和前景对比度的图像。该方法将整个图像分为两个部分:前景和背景,通过选定一个全局阈值来实现。以下是执行全局阈值分割的一般步骤:

(1)直方图分析:首先,计算图像的灰度直方图。直方图是一种显示图像中每个灰度级别的像素数目的图表。直方图可以帮助你了解图像中不同灰度级别的分布情况。

(2)选择阈值:根据图像的直方图,选择一个全局阈值。这个阈值将图像分为两个部分,通常是前景和背景。阈值的选择可以根据不同的方法进行,例如手动选择、自动选择或基于某些特定的标准。

(3)像素分类:将图像中的每个像素与所选的阈值进行比较,将像素分为两类,通常是大于阈值的像素归为前景,小于阈值的像素归为背景。

(4)生成分割结果:根据像素分类,生成分割后的图像,其中前景部分通常以白色或其他亮色表示,背景部分以黑色或其他暗色表示。

执行全局阈值分割的示例代码如下:

```python
import cv2
import matplotlib.pyplot as plt

# 读取图像
input_image = cv2.imread('lena.jpg')

# 将图像转换为灰度图像(如果尚未是灰度图像)
gray_image = cv2.cvtColor(input_image, cv2.COLOR_BGR2GRAY)

# 选择阈值
threshold_value = 128

# 应用阈值分割
_, binary_image = cv2.threshold(gray_image, threshold_value, 255, cv2.THRESH_BINARY)

# 显示分割结果
plt.imshow(binary_image, cmap = 'gray')
plt.title('Binary Image')
plt.show()
```

示例代码首先读取图像,将其转换为灰度图像,然后选择一个阈值,通过将灰度图像中的像素与阈值进行比较,生成一个二值图像,其中前景像素被设置为1,背景像素被设置为0。最后使用 imshow 函数显示二值图像,其结果如图3-6所示。

图3-6 全局阈值分割结果图

需要注意的是,全局阈值分割方法可能在图像具有均匀对比度分布时效果很好,但对于具有不均匀光照或复杂背景的图像,可能需要更复杂的分割方法。

3.3.2 局部阈值分割

局部阈值分割相较于全局阈值分割更适合处理具有不均匀光照、阴影或噪声分布的图像,因为它允许在不同部分使用不同的阈值,以适应局部特性。同时局部阈值分割对于具有复杂背景的图像更具优势,因为它可以根据背景的局部性质进行分割,从而减少误分割。当然,局部阈值分割通常需要更多计算,因为它需要对图像中的多个局部区域分别计算阈值。在这种方法中,不同图像区域使用不同的阈值进行分割,以适应局部特性。以下是执行局部阈值分割的示例代码:

```
import cv2
import numpy as np

# 读取图像
input_image = cv2.imread('lena.jpg', cv2.IMREAD_COLOR)

# 将图像转换为灰度图像
gray_image = cv2.cvtColor(input_image, cv2.COLOR_BGR2GRAY)

# 定义局部分割参数
window_size = 31                # 窗口大小,可以根据图像特性调整
c = 10                          # 常数,可以根据图像特性调整

# 局部阈值分割函数
def local_threshold(image, window_size, c):
    binary_image = cv2.adaptiveThreshold(image, 255, cv2.ADAPTIVE_THRESH_GAUSSIAN_C,
    cv2.THRESH_BINARY, window_size, c)
    return binary_image

# 应用局部阈值分割
local_binary_image = local_threshold(gray_image, window_size, c)

# 显示分割结果
cv2.imshow('Local Binary Image', local_binary_image)
cv2.waitKey(0)
cv2.destroyAllWindows()
```

上述代码首先读取图像,将其转换为灰度图像,然后定义了局部分割的参数,包括窗口大小和常数。接下来,通过 local_threshold 函数应用局部阈值分割。在 local_threshold 函数中,它遍历图像的每个像素,为每个像素计算局部阈值并应用局部阈值分割。分割结果以二值图像的形式显示。

在算法中,我们可以根据图像的特性调整窗口大小和常数,以获得最佳的分割结果。此示例中,采用了 Otsu 方法来计算每个局部窗口的阈值,同样也可以选择其他局部阈值选择方法,代码根据相应需求进行调整,其结果如图 3-7 所示。

图 3-7 局部阈值分割结果图

3.3.3 自适应阈值分割

自适应阈值分割是一种图像分割方法,与全局阈值分割和局部阈值分割不同,它根据每个像素周围的局部信息来动态选择阈值。这使得它能够更好地适应图像中不均匀光照或噪声引起的变化。自适应阈值分割的基本思想是针对每个像素,计算一个与该像素周围的局部区域有关的阈值。通常,它执行以下步骤:

(1)选择一个固定大小的局部窗口;
(2)针对图像中的每个像素,将该像素周围的局部窗口作为参考,计算阈值;
(3)使用计算出的局部阈值将该像素分类为前景或背景;
(4)重复以上步骤,直到整个图像都被处理。

以下是使用 Otsu 阈值法实现的自适应阈值分割的示例代码:

```
import cv2
import numpy as np

# 读取图像
I = cv2.imread('lena.jpg', cv2.IMREAD_COLOR)

# 将图像转换为灰度图像
gray_I = cv2.cvtColor(I, cv2.COLOR_BGR2GRAY)

# 使用 Otsu 方法计算阈值
_, binary_I = cv2.threshold(gray_I, 0, 255, cv2.THRESH_BINARY + cv2.THRESH_OTSU)

# 显示二值图像
cv2.imshow('Binary Image', binary_I)
cv2.waitKey(0)
cv2.destroyAllWindows()
```

Otsu 阈值法是一种全局自适应阈值算法,旨在寻找一个阈值,以最大程度地增加前景和背景之间的方差差异,从而实现最佳分割。它可以确定一个阈值,使基于这个阈值的分类结果具有最小的类内方差和最大的类间方差,其结果如图 3-8 所示。

图 3-8　自适应阈值算法结果图

3.3.4　双峰图像分割

双峰图像分割(bimodal image segmentation)是一种用于将一幅图像分成两个不同区域或类别的图像处理技术。这种分割通常涉及将图像中的像素分为两个集群或分布,这两个集群通常具有不同的特征或统计属性。

常见的双峰图像分割方法包括:阈值分割、K 均值聚类、直方图分析、模型拟合、边缘检测和分割等。选择哪种方法取决于图像的特性以及应用的需求。一些方法可能对噪声或光照变化更敏感,因此需要根据具体情况进行调整和优化。双峰图像分割是图像处理中的基本任务,可以作为更复杂图像处理任务的一部分,如目标检测、图像分析和模式识别。以下是实现双峰图像分割的示例代码:

```
import cv2
import numpy as np

# 读取图像
image = cv2.imread('lena.jpg', cv2.IMREAD_GRAYSCALE)

# 使用Otsu's方法来自动计算阈值
_, thresholded_image = cv2.threshold(image, 0, 255, cv2.THRESH_BINARY + cv2.THRESH_OTSU)

# 显示原始图像和分割后的二值图像
cv2.imshow('Original Image', image)
cv2.imshow('Segmented Image', thresholded_image)
cv2.waitKey(0)
cv2.destroyAllWindows()

# 可以根据需要保存二值图像
cv2.imwrite('segmented_image.jpg', thresholded_image)
```

在这个示例中,我们首先读取图像,使用 Otsu 方法来自动计算阈值,将图像分割成两个区域,其中一个区域包含一个亮度峰值,另一个区域包含另一个亮度峰值。最后,我们显示原始图像和分割后的二值图像,并可以根据需要保存分割后的图像,其结果如图 3-9 所示。

图 3-9　双峰图像分割结果图

3.3.5　多阈值分割

多阈值分割是一种图像分割方法,它不仅可以将图像分割成两个区域(二值图像),还可以将图像分成多个不同的区域,每个区域代表一个类别或对象。这在某些情况下比简单的双峰图像分割更有用,因为它允许将图像分成多个子区域,每个子区域可以表示不同的特征或对象。

以下是多阈值分割的一些重要概念和方法:

1. 直方图分析

多阈值分割通常涉及对图像的直方图进行分析。直方图是一幅图像中像素强度值的分布,通过分析直方图,你可以找到图像中不同类别或对象的像素强度值之间的分界点。

2. 阈值选择

选择多个阈值是多阈值分割的关键。阈值是像素强度值,它们被用来将图像分成不同的区域。通常,阈值根据直方图的形状和特性选择,以确保不同的区域可以被正确地分离。

3. 实际应用

多阈值分割在很多领域有广泛的应用,包括医学图像分析、地理信息系统、计算机视觉、遥感图像处理等。在医学图像中,它可以用于分割不同组织或细胞类型,在遥感图像中,可以用于识别不同的地物。

多阈值分割是一个强大的工具,允许更精细地将图像分割成多个区域,从而提供更多的信息以用于后续分析和处理。选择合适的多阈值分割方法和阈值的数量通常取决于具体应用的要求。以下是一个示例代码,演示如何使用多阈值分割来分割图像:

```python
import cv2
import numpy as np
import matplotlib.pyplot as plt

# 读取图像
image = cv2.imread('lena1.jpg', cv2.IMREAD_GRAYSCALE)

# 定义阈值列表,可以根据需要设置不同的阈值
thresholds = [50, 100, 150]

# 创建一个列表,用于存储分割后的图像
segmented_images = []

# 使用阈值进行分割
for threshold in thresholds:
    _, segmented_image = cv2.threshold(image, threshold, 255, cv2.THRESH_BINARY)
    segmented_images.append(segmented_image)

# 显示原始图像和分割后的图像
plt.figure(figsize = (10, 5))
plt.subplot(1, len(segmented_images) + 1, 1)
plt.imshow(image, cmap = 'gray')
plt.title('Original Image')

for i, threshold in enumerate(thresholds):
    plt.subplot(1, len(segmented_images) + 1, i + 2)
    plt.imshow(segmented_images[i], cmap = 'gray')
    plt.title(f'Threshold = {threshold}')

plt.show()
```

在这个示例中,先读取图像然后定义了一个阈值列表 thresholds,可以根据需要设置不同的阈值。然后使用循环遍历每个阈值,使用 cv2.threshold 函数将图像分割成二进制图像,并将分割后的图像存储在 segmented_images 列表中。最后使用 Matplotlib 库显示原始图像和分割后的图像,其结果如图 3-10 所示。

图 3-10 多阈值分割结果图

3.3.6 颜色阈值分割

颜色阈值分割是一种图像分割方法,它基于颜色信息将图像中的像素分为不同的类别或区域。这种方法特别适用于彩色图像,因为不同的颜色通道可以用于区分不同的对象或区域。以下是一些关于颜色阈值分割的重要概念和方法。

1. 颜色空间

颜色阈值分割通常在某种颜色空间中执行,例如 RGB、HSV、Lab 等。不同的颜色空间提供了不同的颜色表示方式,可以更容易地区分不同颜色。

2. 阈值选择

在颜色阈值分割中,需要选择适当的阈值,将图像中的像素分成两个或多个区域。阈值的选择通常基于颜色通道的值,这可以通过观察图像的颜色分布来确定。

3. 颜色直方图

与灰度图像的直方图类似,颜色图像的直方图表示了不同颜色通道的分布。可以分析颜色直方图来确定阈值。

4. 应用

颜色阈值分割在许多领域有广泛的应用,包括目标检测、图像分析、计算机视觉和机器视觉。例如,它可以用于识别具有特定颜色的物体,分离前景和背景,或将图像中的不同区域分为不同的颜色类别。

下面是示例代码:

```python
import cv2
import numpy as np

# 读取图像
image = cv2.imread('lena1.jpg')

# 转换图像为 HSV 颜色空间(Hue, Saturation, Value)
hsv_image = cv2.cvtColor(image, cv2.COLOR_BGR2HSV)

# 定义颜色的阈值范围(在 HSV 颜色空间中)
lower_color = np.array([0, 50, 50])  # 低阈值,根据需要调整
upper_color = np.array([30, 255, 255])  # 高阈值,根据需要调整

# 根据颜色阈值分割图像
color_mask = cv2.inRange(hsv_image, lower_color, upper_color)

# 将颜色掩码应用到原始图像上
segmented_image = cv2.bitwise_and(image, image, mask=color_mask)

# 显示原始图像和颜色分割后的图像
cv2.imshow('Original Image', image)
cv2.imshow('Segmented Image', segmented_image)
cv2.waitKey(0)
```

```
cv2.destroyAllWindows()

#你可以根据需要保存颜色分割后的图像
cv2.imwrite('segmented_color_image.jpg', segmented_image)
```

在这个示例中,首先读取图像,然后将图像转换为 HSV 颜色空间,这使得颜色分割更加容易。接着定义颜色的阈值范围,其中 lower_color 和 upper_color 分别是颜色的低阈值和高阈值。最后使用 cv2.inRange 函数创建一个颜色掩码,将颜色分割应用到原始图像上。其结果如图 3-11 所示。

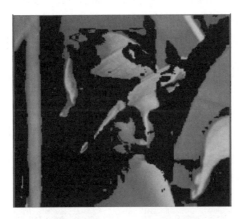

图 3-11　颜色阈值分割结果图

图像的阈值分割技术在许多应用中都非常有用,包括目标检测、图像分割、OCR(光学字符识别)、医学图像处理等领域。选择合适的阈值分割方法通常取决于图像的特性以及应用的需求。

3.4　图像的边缘检测

图像的边缘检测是计算机视觉和图像处理领域中的重要任务,用于检测图像中不同区域之间的边缘或边界,通常用于物体识别、分割和特征提取。边缘通常是图像中像素值突然变化的地方,表示物体的边缘或轮廓。常见的图像边缘检测方法有 Sobel 算子、Canny 边缘检测、拉普拉斯边缘检测、小波变换的图像边缘检测、深度学习方法等。在实际应用中,选择哪种方法取决于具体的问题和数据。不同的方法可能对噪声、边缘宽度和计算效率有不同的鲁棒性和要求。图像边缘检测是许多计算机视觉任务的重要预处理步骤,包括目标检测、图像分割和特征提取。

3.4.1　Sobel 算子

Sobel 算子是由 Irwin Sobel 和 Gary Feldman 于 1968 年首次提出的。这个算子旨在进行边缘检测和图像特征提取,尤其是检测图像中的边缘和轮廓。Irwin Sobel 和 Gary Feldman 是斯坦福大学的研究人员,他们的工作以一篇名为 *A 3 × 3 Isotropic Gradient Operator for Image Processing* 的论文为基础。这篇论文详细介绍了 Sobel 算子和如何使用它来计算图像中的梯度。Sobel算子被设计成一个简单的线性卷积核,能够检测图像中像素值的变化,尤其是在水平和垂直方向上的变化。

Sobel算子的提出标志着图像处理领域的重要进展,它为边缘检测和特征提取提供了一个简单而有效的工具。随后,Sobel算子和其他类似的卷积核被广泛应用于计算机视觉、图像处理、模式识别和机器视觉领域。它们用于处理数字图像,并在对象检测、分割、特征提取和图像增强等各种应用中发挥了关键作用。

虽然自提出以来已经过去了数十年,但Sobel算子仍然是图像处理中的重要工具之一,尤其在传统图像处理方法和计算机视觉中,仍然经常被使用。随着深度学习技术的发展,也出现了更复杂的方法,但Sobel算子作为一种基础的边缘检测方法仍然具有重要意义。

Sobel算子作为一种广泛用于图像处理中的边缘检测算子,用于检测图像中的边缘和轮廓。它基于图像的梯度信息,通过卷积操作来寻找像素值变化最剧烈的地方,从而确定图像的边界。

Sobel算子通常使用两个3×3的卷积核(一个用于检测水平边缘,一个用于检测垂直边缘)。这两个卷积核分别是水平边缘检测核和垂直边缘检测核,如图3-12所示。

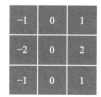
（a）水平边缘检测核

（b）垂直边缘检测核

图3-12　水平边缘检测核和垂直边缘检测核

Sobel算子在边缘检测时:
(1)将这两个卷积核分别应用于图像,分别计算水平方向和垂直方向的梯度。
(2)对于水平边缘检测核,它会强调图像中的垂直边缘。当图像中的像素值在垂直方向上发生急剧变化时,水平梯度会产生大的响应。
(3)对于垂直边缘检测核,它会强调图像中的水平边缘。
(4)当图像中的像素值在水平方向上发生急剧变化时,垂直梯度会产生大的响应。
(5)通常,水平梯度和垂直梯度可以合并成一个梯度幅值图像,表示边缘的强度。
(6)梯度方向图像可以用于确定边缘的方向。
(7)可以通过设置一个阈值来筛选梯度幅值图像中的像素,以得到二值的边缘图像,其中白色像素表示边缘,黑色像素表示非边缘。以下是使用Sobel边缘检测的示例代码。

```
import cv2
import numpy as np
import matplotlib.pyplot as plt
import warnings

# 忽略字体警告
warnings.filterwarnings("ignore", category = UserWarning)
```

```python
#1. 读取图像
original_image = cv2.imread('lena.jpg', cv2.IMREAD_COLOR)

#2. 转换为灰度图像(如果原始图像不是灰度图像)
gray_image = cv2.cvtColor(original_image, cv2.COLOR_BGR2GRAY)

#3. 应用 Sobel 滤波器进行边缘检测
sobel_horizontal = np.array([[-1, -2, -1], [0, 0, 0], [1, 2, 1]])
sobel_vertical = np.array([[-1, 0, 1], [-2, 0, 2], [-1, 0, 1]])

horizontal_edges = cv2.filter2D(gray_image, -1, sobel_horizontal)
vertical_edges = cv2.filter2D(gray_image, -1, sobel_vertical)

#4. 计算梯度幅值
gradient_magnitude = np.sqrt(horizontal_edges**2 + vertical_edges**2)

# 更改数据类型为 uint8
gradient_magnitude = gradient_magnitude.astype(np.uint8)

#5. 显示原始图像和边缘检测结果
plt.figure(figsize=(10, 5))

plt.subplot(1, 2, 1)
plt.imshow(cv2.cvtColor(original_image, cv2.COLOR_BGR2RGB))
plt.title('原始图像')

plt.subplot(1, 2, 2)
plt.imshow(gradient_magnitude, cmap='gray')
plt.title('Sobel 边缘检测')

plt.show()
```

在这个示例中,使用 OpenCV 执行 Sobel 边缘检测,首先读取彩色图像并将其转换为灰度图像,然后定义水平和垂直 Sobel 滤波器核并应用于灰度图像,接着计算边缘的梯度幅值,最后以 uint8 数据类型显示原始图像和 Sobel 边缘检测结果,以便在 Matplotlib 中观察图像的边缘特征,结果如图 3-13 所示。

Sobel 算子是一种简单而有效的边缘检测方法,但它对噪声敏感,并且可能会导致边缘断裂。因此,在实际应用中,通常需要将其与其他图像处理技术结合使用,以获得更准确的边缘检测结果。

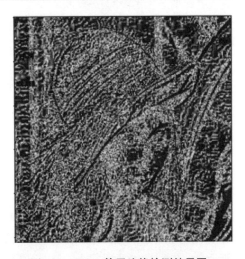

图 3-13　Sobel 算子边缘检测结果图

3.4.2　Canny 边缘检测

Canny 边缘检测是由 John F·Canny 于 1986 年首次提出的,它代表了计算机视觉领域中一项重要的里程碑工作。John F·Canny 是计算机科学家,他的工作在边缘检测和图像处理领域产生了深远的影响。

Canny 的论文题为 *A Computational Approach to Edge Detection*(《计算机边缘检测方法》),该论文详细介绍了 Canny 边缘检测算法的原理和步骤。Canny 边缘检测算法的设计目标是在检测边缘时最大限度地减少噪声和细节的干扰,以提供清晰的边缘图像。Canny 的算法包括了高斯平滑、梯度计算、非极大值抑制、双阈值边缘跟踪等多个步骤。这些步骤的组合使得 Canny 边缘检测在当时和今天仍然被广泛使用,特别是在计算机视觉、图像处理、模式识别和特征提取领域。

Canny 边缘检测算法的主要特点包括:清晰的边缘、抗噪声、参数可调性。由于这些特点,Canny 边缘检测一直被视为一种经典而有效的边缘检测方法。它对于计算机视觉任务中的目标检测、图像分割和特征提取等应用具有广泛的应用。在 Canny 的原始工作之后,有许多改进和变种出现,但 Canny 算法仍然是图像处理领域的一个基础工具。

以下是使用 Canny 边缘检测的示例代码:

```python
import cv2
import matplotlib.pyplot as plt
from matplotlib import font_manager

# 设置 Matplotlib 使用的字体为系统支持的字体
font_manager.findSystemFonts(fontpaths=None, fontext='ttf')
plt.rcParams['font.sans-serif'] = ['SimHei']  # 设置中文字符支持的字体,例如 SimHei(黑体)

# 1. 读取图像
original_image = cv2.imread('lena.jpg', cv2.IMREAD_COLOR)

# 2. 将图像转换为灰度图像
gray_image = cv2.cvtColor(original_image, cv2.COLOR_BGR2GRAY)

# 3. 应用 Canny 边缘检测
canny_edges = cv2.Canny(gray_image, 50, 150)  # 使用 50 和 150 作为低阈值和高阈值

# 4. 显示 Canny 边缘检测结果
plt.figure(figsize=(7, 7))
plt.imshow(canny_edges, cmap='gray')
plt.title('Canny 边缘检测')
plt.show()
```

这个示例首先加载图像,将其转换为灰度图像。然后使用 edge 函数应用 Canny 边缘检测算法。Canny 算法的关键步骤包括高斯平滑、梯度计算、非极大值抑制、双阈值边缘跟踪等,以获得清晰的边缘图像。最后,使用 imshow 函数显示原始图像和 Canny 边缘检测结果,结果如图 3-14 所示。

图 3-14　Canny 边缘检测结果图

3.4.3　拉普拉斯边缘检测

拉普拉斯边缘检测（Laplacian edge detection）是一种用于检测图像中边缘和纹理的图像处理技术，是一种经典的图像处理技术。这种方法基于拉普拉斯算子或拉普拉斯滤波器，用于查找图像中像素值变化的地方，从而确定图像的边缘。它基于图像中像素值的二阶导数，用于寻找像素值变化剧烈的区域，从而确定图像中的边缘。拉普拉斯边缘检测通常用于增强图像的边缘信息或用于特征提取。

历史上，拉普拉斯边缘检测的方法首次由法国数学家皮埃尔-西蒙·拉普拉斯（Pierre-Simon Laplace）于 1785 年提出，但当时它主要是一种数学概念，用于描述物理和数学方程中的二阶微分。直到图像处理领域的发展，拉普拉斯算子开始应用于图像处理和计算机视觉。

拉普拉斯边缘检测通常通过以下步骤实现：

（1）将图像转换为灰度图像。

（2）应用拉普拉斯滤波器进行卷积操作，计算每个像素点的拉普拉斯响应。

（3）根据响应值选定合适的阈值，以确定边缘的位置。

（4）显示或处理边缘检测结果。

拉普拉斯边缘检测的一种常见实现方法是使用拉普拉斯滤波器，该滤波器是一个二阶导数算子，通常用于对图像进行卷积操作。拉普拉斯滤波器通常检测核表如图 3-15 所示。

拉普拉斯滤波器通过计算每个像素与其周围像素之间的差异，来寻找像素值变化的地方。边缘通常是图像中的极值点，因此拉普拉斯边缘检测结果通常在边缘处产生正值到负值的变化。使用拉普拉斯边缘检测的示例代码如下：

0	-1	0
-1	4	-1
0	-1	0

图 3-15　拉普拉斯边缘检测核

```
import cv2
import numpy as np
```

```python
# 读取图像
image = cv2.imread('lena.jpg', cv2.IMREAD_GRAYSCALE)

# 使用拉普拉斯算子进行边缘检测
laplacian = cv2.Laplacian(image, cv2.CV_64F)

# 将结果转换为无符号8位整数
laplacian = np.uint8(np.absolute(laplacian))

# 显示原始图像和边缘检测结果
cv2.imshow('Original Image', image)
cv2.imshow('Laplacian Edge Detection', laplacian)
cv2.waitKey(0)
cv2.destroyAllWindows()
```

这个示例首先加载图像,然后使用拉普拉斯算子对图像进行边缘检测。最后,将边缘检测结果转换为无符号8位整数,并显示原始图像和边缘检测结果。可以根据需要替换输入图像的路径,并根据实际情况调整参数以获得最佳的边缘检测效果,其结果如图3-16所示。

图3-16 拉普拉斯边缘检测结果图

拉普拉斯边缘检测方法具有一些优点,如能够检测边缘的交叉和交叉点,以及在边缘上产生双边缘(由正值和负值组成)。然而,它对噪声非常敏感,并且可能会导致边缘断裂。随着时间的推移,更复杂的边缘检测方法和特征提取技术出现,拉普拉斯边缘检测在某些情况下已经不再是首选的方法。但它仍然在一些特定应用中有用,尤其是在需要强调图像中快速变化的区域时。

3.4.4 基于小波变换的图像边缘检测

基于小波变换的图像边缘检测是一种广泛应用于图像处理的技术。小波变换是一种用于将信号或图像分解成不同尺度和频率的分析方法,对于图像边缘检测而言,小波变换可以帮助提取图像中的高频细节,从而检测边缘。下面是一个基于小波变换的图像边缘检测的一般步骤:

(1)图像预处理:首先,读取并预处理原始图像。通常,这包括将图像转换为灰度图像,以便进行边缘检测。

(2) 小波变换:应用小波变换来将图像分解成不同尺度和频率的小波系数。小波变换通常有离散小波变换和连续小波变换两种类型。DWT 在图像处理中更为常见,因为它能够将图像分解为多个子图像,每个子图像对应于不同尺度的特征。

(3) 边缘检测:通过分析小波系数,特别是高频细节的小波系数,可以检测图像中的边缘。高频小波系数通常与图像的边缘特征相关。可以选择合适的阈值或其他方法来强调或检测这些高频小波系数。

(4) 重构图像:在完成边缘检测后,可以使用逆小波变换(inverse Wavelet transform)来重构处理后的图像。这个步骤可以帮助获取带有强调边缘的图像。

(5) 显示或后续处理:最后,可以选择显示边缘强化的图像或应用其他后续处理步骤,以满足特定应用的需求。

以下是一个简单的代码示例,演示如何使用小波变换进行图像边缘检测:

```
import cv2
import numpy as np
import pywt

# 读取图像
image = cv2.imread('lena.jpg', cv2.IMREAD_GRAYSCALE)

# 进行2级小波变换
coeffs = pywt.wavedec2(image, 'bior1.3', level=2)

# 将小波系数转换为可视图像
cA2, (cH2, cV2, cD2), (cH1, cV1, cD1) = coeffs
cA2_image = pywt.waverec2([cA2, (None, None, None), (None, None, None)], 'bior1.3')

# 计算边缘图像
edge_image = np.abs(cD1)

# 显示原始图像和边缘检测结果
cv2.imshow('Original Image', image)
cv2.imshow('Wavelet Edge Detection', edge_image)
cv2.waitKey(0)
cv2.destroyAllWindows()
```

在此示例中,代码利用 PyWavelets 库执行 2 级小波变换,使用选定的小波基函数对输入的灰度图像进行边缘检测。它提取高频细节信息,并可视化为边缘检测结果,通过这种方法,可以捕捉不同尺度下的图像边缘和细节,以满足特定的图像处理需求。其结果如图 3-17 所示。

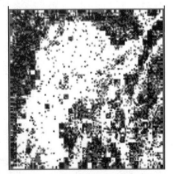

图 3-17 基于小波变换的图像边缘检测结果图

3.4.5 深度学习方法

深度学习方法可以用于边缘检测任务,通常使用卷积神经网络(CNN)来实现。

1. 基于 CNN 的边缘检测

深度学习中的卷积神经网络可以用于端到端的边缘检测任务。可以训练一个 CNN 模型,该模型接受图像作为输入,并输出图像中每个像素的边缘概率。常见的网络架构包括 U-Net、FCN(Fully Convolutional Network,全卷积网络)、SegNet 等。

2. 基于 Canny 和深度学习的方法

有研究人员结合传统的边缘检测方法(如 Canny 边缘检测)和深度学习技术。首先使用传统方法获取初始边缘图,然后使用深度学习网络对其进行细化和增强。

3. 语义分割和实例分割

深度学习中的语义分割和实例分割任务也可以用于边缘检测。语义分割网络将图像中的每个像素分配到不同的语义类别,而实例分割网络可以将不同的实例分开。从这些任务生成的分割掩码可以用于提取边缘。

4. 边缘检测数据集

为了训练深度学习模型进行边缘检测,需要一个标记好的边缘数据集。这些数据集通常包含输入图像和对应的边缘地图,以便网络学习从图像中提取边缘。

5. 前沿方法

深度学习领域发展迅猛,不断出现新的方法和架构用于图像分割和边缘检测。例如,DeepLab、PSPNet、ENet 等是用于图像分割的一些前沿深度学习模型,它们可以用于提取边缘信息。

需要注意的是,深度学习方法通常需要大量的标记数据和计算资源,因此在实际应用中需要权衡准确性和效率。选择合适的网络架构、数据集和训练策略对于成功实现深度学习边缘检测非常重要。

3.5 霍夫变换

霍夫变换(Hough transform)的历史可以追溯到 20 世纪 60 年代,它是由 Paul Hough 于 1962 年首次提出的。霍夫变换最初是为了在计算机图像分析中检测线段(直线)的应用而开发的,但后来被拓展用于检测其他几何形状,如圆和椭圆。

1962 年,Paul Hough 首次提出霍夫变换的思想,他的初始工作主要集中在检测图像中的直线。Hough 的原始论文的题目是《方法和手段用于检测实验中的物体,特别是对于图像的方法》。1963 年,Hough 的原始方法并不是现在广泛使用的霍夫变换。他提出的方法在直线的参数空间中使用笛卡尔坐标系来表示直线。这种方法在后来的发展中被改进,转变成了使用极坐标空间的形式。在 1972 年,霍夫变换的基本思想被进一步发展和完善,由 Richard Duda 和 Peter Hart 提出。他们的工作在检测直线时使用了极坐标表示,更接近现代霍夫变换的形式。1980 年,霍夫变换开始在计算机视觉和图像处理领域中得到广泛应用。人们开始研究如何将霍夫变换应用于检测除直线之外的其他几何形状,如圆和椭圆。随着计算机技术的进步和计算能力的提高,霍夫变换被用于更复杂的任务,包括图像分割、特征提取、对象识别和机器视觉中的各种应用。

霍夫变换的历史可以追溯到几十年前,但它仍然是计算机视觉和图像处理领域中的一个重要工具,为自动化分析和理解图像中的几何形状提供了有效的方法。虽然霍夫变换在原始形式上有一些限制,但它仍然为各种应用提供了基础,且可以与其他计算机视觉技术相结合,以更好地解决现实世界的问题。

3.5.1 霍夫变换原理

霍夫变换是一种在计算机视觉和图像处理中用于检测几何形状(如直线、圆、椭圆等)的技术。它的基本思想是将这些几何形状在图像中的表示转化为参数空间,然后通过累积投票来确定最佳拟合几何形状。这种方法对于检测在图像中可能存在噪声或其他干扰的几何形状非常有用。

1. 直线检测的霍夫变换

(1)直线检测是霍夫变换的最常见应用之一。在图像中,一条直线可以用斜率(k)和截距(b)来表示,即直线方程为 $y = kx + b$。为了在参数空间中表示直线,可以使用极坐标表示:$\rho = x\cos\theta + y\sin\theta$,其中 ρ 表示直线到图像原点的距离,θ 表示直线的角度。

(2)对于每个图像中的边缘像素,我们可以在参数空间中画出一条曲线(曲线方程是 $\rho = x\cos\theta + y\sin\theta$,并投票给曲线所通过的($\rho, \theta$)点。当多条曲线交会在一个点时,表示这个点在多条直线上都有边缘像素,因此可能是一条直线。最终,累积投票最多的(ρ, θ)点表示图像中的直线。

(3)通过设定适当的阈值,可以筛选出累积投票最多的点,从而得到检测到的直线的参数(ρ, θ)。

2. 圆检测的霍夫变换

(1)圆检测是另一种常见的霍夫变换应用。在图像中,圆可以由其中心坐标(x_c, y_c)和半径(r)来表示。

(2)为了在参数空间中表示圆,我们需要一个三维参数空间(x_c, y_c, r)。对于图像中的每个像素,可以在参数空间中画出一组曲线,每个曲线代表一个可能的圆。当多个曲线交会在一个点时,表示这个点可能是圆的中心。

(3)类似于直线检测,霍夫变换会累积投票以确定最佳拟合圆的参数(x_c, y_c, r)。通常,需要设置适当的阈值来筛选出检测到的圆。

霍夫变换的优点包括对噪声和缺失数据的鲁棒性,但它可能需要较长的计算时间,特别是在处理大型图像时。因此,通常会采用一些优化技术,如累积阵列的分辨率、阈值设置以及参数空间的适当限制,以提高性能和准确性。

霍夫变换是一种有力的工具,用于检测图像中的几何形状,特别是在计算机视觉领域中。它在图像分析、特征提取和对象检测等应用中发挥着重要的作用。

3.5.2 霍夫变换应用于线检测

霍夫变换的检测步骤通常先对图像进行霍夫变换;然后找出变换域中的峰值数据(相交直线最多的点);再根据峰值数据的空域坐标绘出对应直线。在这里我们使用 Matlab 工具箱中的霍夫变换函数进行边缘检测。相应示范代码如下:

```python
import cv2
import numpy as np

# 读取图像
img = cv2.imread('abc.jpg')

# 转换成灰度图像
gray = cv2.cvtColor(img, cv2.COLOR_BGR2GRAY)

# 检测边缘
edges = cv2.Canny(gray, 50, 150, apertureSize=3)

# Hough 变换检测直线
lines = cv2.HoughLines(edges, 1, np.pi / 180, 150)

# 绘制直线
for line in lines:
    for rho, theta in line:
        a = np.cos(theta)
        b = np.sin(theta)
        x0 = a * rho
        y0 = b * rho
        x1 = int(x0 + 1000 * (-b))
        y1 = int(y0 + 1000 * (a))
        x2 = int(x0 - 1000 * (-b))
        y2 = int(y0 - 1000 * (a))
        cv2.line(img, (x1, y1), (x2, y2), (0, 0, 255), 2)

# 保存结果
cv2.imwrite('D://HoughLines.tif', img)
```

示例代码演示了读取名图像,将其转换为灰度图像,然后使用 Canny 边缘检测算法检测图像的边缘。接着,利用霍夫变换检测图像中的直线,将检测到的直线以红色标记,并最终保存带有检测结果的图像为 HoughLines.tif 文件,其相应结果如图 3-18 所示。

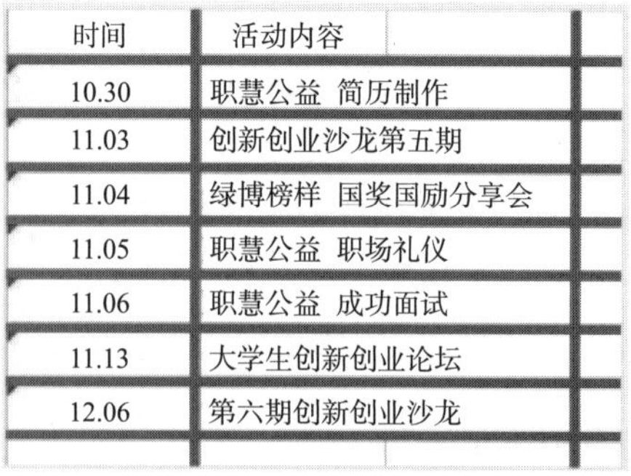

时间	活动内容
10.30	职慧公益 简历制作
11.03	创新创业沙龙第五期
11.04	绿博榜样 国奖国励分享会
11.05	职慧公益 职场礼仪
11.06	职慧公益 成功面试
11.13	大学生创新创业论坛
12.06	第六期创新创业沙龙

图 3-18 霍夫变换直线检测图

3.5.3 霍夫变换应用于圆检测

霍夫圆变换的基本思想是将图像中的像素点映射到霍夫空间中,从而能够检测出图像中可能存在的圆。对于霍夫圆变换,通常采用的是极坐标表示。在极坐标下,一个圆可以由其中心坐标(x,y)和半径(r)唯一确定。

霍夫圆变换的基本步骤:

(1)遍历图像中的每个像素,找到明亮的像素点,通常通过阈值化来实现。

(2)对于每个明亮的像素点,在霍夫空间中创建一个累加器数组,用于存储可能的圆心和半径。

(3)对于每个像素点,遍历可能的圆心和半径的组合,然后在累加器数组中增加相应的投票。

(4)当遍历完所有像素点后,累加器数组中的峰值表示了图像中可能存在的圆。

(5)选择累加器数组中的峰值作为检测到的圆,然后确定其半径和位置。

霍夫圆变换的一个挑战是选择合适的阈值和参数,以便准确检测圆。不同的应用可能需要不同的参数设置。此外,算法的性能也受到图像噪声和计算复杂度的影响。相应示范代码如下:

```python
import sys
import cv2
import numpy as np
import math
from copy import deepcopy

def detect_edges(image):
    h = image.shape[0]
    w = image.shape[1]
    sobeling = np.zeros((h, w), np.float64)
    sobelx = [[-3, 0, 3],
        [-10, 0, 10],
        [-3, 0, 3]]
    sobelx = np.array(sobelx)

    sobely = [[-3, -10, -3],
        [0, 0, 0],
        [3, 10, 3]]
    sobely = np.array(sobely)
    gx = 0
    gy = 0
    testi = 0
    for i in range(1, h - 1):
        for j in range(1, w - 1):
            edgex = 0
            edgey = 0
            for k in range(-1, 2):
                for l in range(-1, 2):
```

```python
                    edgex + = image[k + i, l + j] * sobelx[1 + k, 1 + l]
                    edgey + = image[k + i, l + j] * sobely[1 + k, 1 + l]
            gx = abs(edgex)
            gy = abs(edgey)
            sobeling[i, j] = gx + gy
            # if you want to imshow , run codes below first
            # if sobeling[i,j] >255:
            # sobeling[i, j] =255
            # sobeling[i, j] = sobeling[i,j]/255
    return sobeling


def hough_circles(edge_image, edge_thresh, radius_values):
    h = edge_image.shape[0]
    w = edge_image.shape[1]
    # print(h,w)
    edgimg = np.zeros((h, w), np.int64)
    for i in range(h):
        for j in range(w):
            if edge_image[i][j] > edge_thresh:
                edgimg[i][j] = 255
            else:
                edgimg[i][j] = 0

    accum_array = np.zeros((len(radius_values), h, w))
    # return edgimg , []
    for i in range(h):
        print('Hough Transform 进度:', i, '/', h)
        for j in range(w):
            if edgimg[i][j] ! = 0:
                for r in range(len(radius_values)):
                    rr = radius_values[r]
                    hdown = max(0, i - rr)
                    for a in range(hdown, i):
                        b = round(j + math.sqrt(rr * rr - (a - i) * (a - i)))
                        if b > = 0 and b < = w - 1:
                            accum_array[r][a][b] + = 1
                            if 2 * i - a > = 0 and 2 * i - a < = h - 1:
                                accum_array[r][2 * i - a][b] + = 1
                            if 2 * j - b > = 0 and 2 * j - b < = w - 1:
                                accum_array[r][a][2 * j - b] + = 1
                            if 2 * i - a > = 0 and 2 * i - a < = h - 1 and 2 * j - b > = 0 and 2 * j - b < = w - 1:
                                accum_array[r][2 * i - a][2 * j - b] + = 1

    return edgimg, accum_array


def find_circles(image, accum_array, radius_values, hough_thresh):
```

```python
        returnlist = []
        hlist = []
        wlist = []
        rlist = []
        returnimg = deepcopy(image)
        for r in range(accum_array.shape[0]):
            print('Find Circles 进度:', r, '/', accum_array.shape[0])
            for h in range(accum_array.shape[1]):
                for w in range(accum_array.shape[2]):
                    if accum_array[r][h][w] > hough_thresh:

                        tmp = 0
                        for i in range(len(hlist)):
                            if abs(w - wlist[i]) < 10 and abs(h - hlist[i]) < 10:
                                tmp = 1
                                break

                        if tmp == 0:
                            # print(accum_array[r][h][w])
                            rr = radius_values[r]
                            flag = '(h,w,r)is:(' + str(h) + ',' + str(w) + ',' + str(rr) + ')'
                            returnlist.append(flag)
                            hlist.append(h)
                            wlist.append(w)
                            rlist.append(rr)

        print('圆的数量:', len(hlist))

        for i in range(len(hlist)):
            center = (wlist[i], hlist[i])
            rr = rlist[i]

            color = (0, 255, 0)
            thickness = 2
            cv2.circle(returnimg, center, rr, color, thickness)

        return returnlist, returnimg


def main(argv):
    img_name = argv[0]

    img = cv2.imread('data/' + img_name + '.png', cv2.IMREAD_COLOR)
    # print(img.shape[0], img.shape[1])
    gray_image = cv2.cvtColor(img, cv2.COLOR_BGR2GRAY)

    # print(gray_image.shape[0], gray_image.shape[1])
    img1 = detect_edges(gray_image)
```

```
        cv2.imwrite('output/' + img_name + "_after_find_detect.png", img1)

        thresh = 1500
        # 需要注意的是,在 img1 中有些地方的像素值是高于 255 的,这是由于之前的 kernel 内的数更大
        # 但这并不影响图像的显示
        # 因此这里的 thresh 要大于 255
        radius_values = []
        for i in range(10):
            radius_values.append(20 + i)

        edgeimg, accum_array = hough_circles(img1, thresh, radius_values)
        cv2.imwrite('output/' + img_name + "_after_binary.png", edgeimg)
        # Findcircle
        hough_thresh = 70
        resultlist, resultimg = find_circles(img, accum_array, radius_values, hough_thresh)

        print(resultlist)
        cv2.imwrite('output/' + img_name + "_circles.png", resultimg)


    if __name__ == '__main__':
        sys.argv.append("coins")
        main(sys.argv[1:])
        # TODO
```

示例代码实现了圆检测的过程,首先对输入的图像进行边缘检测,然后使用霍夫圆变换检测潜在的圆。通过设置适当的阈值,筛选出符合条件的圆,并在原始图像上标记这些圆。最后,将结果保存为图像文件,包括边缘检测后的图像、二值化图像和检测到的圆。这个代码可用于检测图像中的圆形对象,并进行可视化呈现。其相应结果如图 3-19 所示,其中(a)为原图像,(b)为霍夫圆检测图像。

(a) 原图像　　　　　　(b) 霍夫圆检测图像

图 3-19　霍夫圆变换结果图

关于霍夫变换的进一步学习可以参考相关文献以及其他相关材料。

3.6 区域生长法

区域生长法(region growing)是一种图像处理和分割技术,用于将图像中的像素分成不同的区域或对象。该方法通常用于分割具有相似特征的像素,例如灰度级别或颜色。区域生长法是一种基于种子点的方法,从一个或多个种子点开始,逐渐将相邻像素添加到同一区域,直到满足某种条件为止。这个条件通常是像素与当前区域中的像素具有相似的特征。

3.6.1 区域生长法的历史与基本原理

区域生长法作为一种图像处理和分割技术,具有相当长的历史。20世纪60年代早期的图像分割技术主要依赖于阈值分割和边缘检测等方法。区域生长法的基本思想在这个时期已经存在,但尚未广泛应用。20世纪70年代左右,区域生长法开始在计算机视觉和图像处理领域中引起关注。在这个时期,研究人员开始开发和探索不同的区域生长算法,用于图像分割。20世纪80年代左右,区域生长法变得更加成熟和可行。研究人员提出了各种改进和变体,以解决不同类型的图像分割问题。这些算法在医学图像处理、地图处理和工业应用中得到广泛使用。20世纪90年代左右,随着计算机性能的提高和图像分割需求的增加,区域生长法在实际应用中得到了广泛采用。自动化种子点选择、更智能的相似性条件定义和多分辨率分割等方面的改进也出现在这个时期。21世纪至今,区域生长法仍然是图像分割领域的一个重要技术。然而,随着深度学习技术的兴起,更高级的分割方法,如卷积神经网络(CNN)和语义分割,已经成为图像分割的主要趋势。尽管如此,区域生长法仍然在某些特定应用中有其用武之地,尤其是当需要基于局部特征和相似性进行分割时。

区域生长法的基本步骤包括:

(1)种子点选择:选择一个或多个种子点作为起始点,可以手动选择或通过自动算法选择。

(2)邻域定义:定义一个像素相邻的条件,通常是像素之间的灰度级别或颜色差异小于某个阈值。

(3)区域生长:从种子点开始,逐步检查相邻像素,将满足相似条件的像素添加到当前区域中。

重复步骤(3),直到不能再添加相邻像素为止,或者达到预定义的终止条件。

区域生长法的优点是能够捕捉图像中的局部特征,并且适用于许多图像分割应用,例如医学图像分割、地图处理、目标检测等。然而,它的性能高度依赖于种子点的选择和邻域条件的定义,不适用于一些复杂的图像场景,如存在大量杂乱背景的图像。

总的来说,区域生长法是一个经典的图像分割方法,它在过去几十年中经历了演化和改进。虽然现代深度学习方法在图像分割方面取得了巨大成功,但区域生长法仍然是一个有用的工具,特别适用于某些特殊情况下的图像分割任务。

3.6.2 区域生长法的应用

区域生长法是一种用于图像分割的基本方法,它在各种应用中都有潜在的用途。以下是区域生长法的一些主要应用领域：

医学图像分割：区域生长法在医学影像学中广泛应用，用于分割器官、肿瘤或其他重要结构。根据像素的灰度值或纹理相似性来分割不同的组织或病变区域，医生可以更容易地诊断疾病或规划手术。

地图处理：在地理信息系统中，区域生长法用于分割卫星图像或地理数据，以识别不同的地理特征，如水体、道路、建筑物等。这对于城市规划、环境监测和资源管理非常有用。

目标检测：在计算机视觉中，区域生长法可以用于检测和分割图像中的对象或目标。例如，在工业自动化中，可以使用区域生长法来检测和跟踪产品中的缺陷。

遥感图像分析：遥感图像中的土地覆盖分类和特征提取通常需要图像分割。区域生长法可以帮助识别森林、农田、水体等地理特征。

生物医学图像分析：在细胞生物学和神经科学中，区域生长法可用于分割细胞、神经元和其他生物结构，以进行形态分析和研究。

图像编辑：在图像编辑软件中，区域生长法可用于选择和编辑特定区域，例如去除图像中的背景或选择特定对象。

水下图像分析：在水下探测和机器人应用中，区域生长法可以帮助识别海洋生物、海底地貌以及搜寻和救援任务中的目标。

光学字符识别（OCR）：在 OCR 应用中，区域生长法可用于识别和分割文本区域，从而帮助将图像中的文本转换为可编辑的文本文档。

尽管区域生长法在许多应用中有用，但它仍然需要针对具体任务进行参数调整和优化，因为性能高度依赖于种子点的选择和相似性条件的定义。在某些复杂的图像场景中，深度学习方法可能更适合用于图像分割，但区域生长法仍然是一个有用的传统技术。相应示范代码如下：

```
import cv2
import numpy as np
import matplotlib.pyplot as plt

# Read the image and convert it to grayscale
input_image = cv2.imread('lena.jpg', cv2.IMREAD_COLOR) # Replace with your image file path
gray_image = cv2.cvtColor(input_image, cv2.COLOR_BGR2GRAY)

# Display the original image
plt.figure()
plt.imshow(cv2.cvtColor(input_image, cv2.COLOR_BGR2RGB))
plt.title('Original Image')

# Manually specify the seed point (replace with your desired coordinates)
seed_point = [100, 100]

# Set region growing parameters
threshold = 30 # Adjust the threshold as per your image and requirements
```

```python
# Create a mask image of the same size as the input image to store the segmentation result
    segmented_image = np.zeros_like(gray_image, dtype=np.uint8)

    # Define the region growing function
    def region_growing(image, seed, threshold):
        h, w = image.shape
        stack = [seed]
        visited = np.zeros((h, w), dtype=bool)

        while stack:
            x, y = stack.pop()

            if not visited[x, y]:
                visited[x, y] = True

                if abs(int(image[x, y]) - int(image[seed[0], seed[1]])) < threshold:
                    segmented_image[x, y] = 255

                    if x > 0:
                        stack.append((x - 1, y))
                    if x < h - 1:
                        stack.append((x + 1, y))
                    if y > 0:
                        stack.append((x, y - 1))
                    if y < w - 1:
                        stack.append((x, y + 1))

    # Apply the region growing algorithm
    region_growing(gray_image, seed_point, threshold)

    # Display the segmentation result
    plt.figure()
    plt.imshow(segmented_image, cmap='gray')
    plt.title('Segmentation Result')

    # Save the segmentation result (optional)
    # cv2.imwrite('segmented_image.jpg', segmented_image) # Replace with your desired output file name

    plt.show()
```

示例通过区域生长方法进行图像分割。首先加载输入图像并将其转换为灰度图像。原始图像会显示出来以供参考，用户可以手动指定或通过单击灰度图像交互式地选择一个种子点。种子点是区域生长的起点。代码会设置一个相似性阈值，以确定哪些相邻像素包含在生长区域中。然后，代码会根据种子点和阈值将相似像素反复添加到区域中，从而建立分割区域。最后显示分割区域，并可选择将其保存为图像文件。其相应结果如图3-20所示，其中(a)为原图像，(b)为区域生长法选择完种子点的输出图像。

（a）原图像　　　　　　　　　（b）区域生长法处理图像

图 3-20　区域生长法结果图

小　　结

本章探讨了图像分割的关键概念和技术，包括像素邻域、连通性、阈值分割、边缘检测、霍夫变换和区域生长法。图像分割是将图像分成不同区域或对象的过程，有助于目标检测和图像分析等应用。

像素邻域描述了像素周围的像素集合，而连通性涉及像素之间的连接性和关系。

图像分割中常用的阈值分割技术基于像素的灰度值，并使用阈值来将图像分成不同的区域，以识别对象或特征。

边缘检测是图像处理中的重要任务，它用于检测图像中对象之间的边界或边缘。目前有多种不同的边缘检测方法和技术。其中，霍夫变换是一种用于检测图像中直线或其他几何形状的技术。

区域生长法是一种用于分割图像中区域或对象的方法。它基于像素之间的相似性，并逐渐扩展区域以实现分割的目标。

通过本章学习，掌握图像分割的基本概念和技术知识，将为后续的学习和应用提供一个坚实的基础。

思考与练习

一、选择题

1. 像素的邻域是指(　　)。
   A. 一个像素点的颜色　　　　　　　　B. 一个像素点及其周围像素点的集合
   C. 一个图像的整体像素点分布　　　　D. 一个图像的大小
2. 8 连通性在数字图像处理中通常用于描述(　　)。
   A. 图像的分辨率　　　　　　　　　　B. 像素之间的关系
   C. 图像的颜色空间　　　　　　　　　D. 图像的亮度

3. 在 3×3 的像素邻域中,一个像素的 8 邻域包含( )个像素。
   A. 4　　　　　　B. 8　　　　　　C. 9　　　　　　D. 12
4. 4 连通性在数字图像处理中表示( )。
   A. 像素之间的关系不重要　　　　B. 像素之间只能通过 4 个方向连接
   C. 像素之间可以通过 8 个方向连接　　D. 像素之间无法连接
5. 当两个像素在 8 连通性中被认为是相邻的时,它们之间可以沿着( )个不同的方向移动。
   A. 2　　　　　　B. 4　　　　　　C. 6　　　　　　D. 8
6. 图像分割是指( )。
   A. 压缩图像的尺寸　　　　　　B. 将图像分成不同区域或对象
   C. 增加图像的分辨率　　　　　　D. 更改图像的颜色空间
7. 以下图像分割方法常用于将图像分成不同的颜色区域的是( )。
   A. 阈值分割　　　　　　　　　B. 边缘检测
   C. 形态学运算　　　　　　　　D. 目标检测
8. 阈值分割是一种用于图像处理的常见技术,( )描述了阈值分割的主要目标。
   A. 图像压缩　　B. 目标检测　　C. 图像增强　　D. 图像去噪
9. 阈值分割的基本思想是( )。
   A. 将图像分成若干不同区域　　　B. 对图像进行模糊处理
   C. 将像素分成两个类别　　　　　D. 将图像进行旋转
10. 基于直方图的阈值分割方法通常使用( )特征来确定阈值。
    A. 峰值　　　　　B. 均值　　　　　C. 方差　　　　　D. 中值

二、填空题

1. 一个像素的 4 邻域包含_____个像素。
2. 8 连通性中,两个像素被认为是相邻的当且仅当它们在_____个方向上相邻。
3. 图像分割的目标是将图像分成不同的_____或_____。
4. 在阈值分割中,像素的强度与_____进行比较。
5. 阈值分割的目标是将图像的像素分成_____个类别。
6. 一种常用的阈值分割方法是基于图像的_____,其中峰值和谷值用于确定阈值。
7. 边缘是图像中像素值变化较_____的区域。
8. 边缘检测常用的滤波器之一是_____滤波器,用于检测图像中的高频部分。

三、判断题

1. 4 连通性和 8 连通性都用于描述像素之间的连接关系。( )
2. 在 8 连通性中,一个像素的 8 邻域包含它本身。( )
3. 像素的邻域和连通性在数字图像处理中无关紧要,不影响图像处理算法的结果。( )
4. 图像分割是一种图像增强技术,用于提高图像的质量。( )
5. 边缘检测是一种图像分割技术,用于将图像分成不同的区域。( )
6. 阈值分割是一种用于分割具有相似颜色的区域的常见方法。( )

7. 图像分割通常用于计算机视觉应用,如目标检测和图像识别。( )
8. 阈值分割技术是一种无监督学习方法,不需要预先标记的训练数据。( )

四、简答题

1. 什么是像素的邻域?
2. 请简要解释什么是图像分割。
3. 请简要解释图像的阈值分割技术是什么,以及它的基本原理是什么。

五、论述题

解释4连通性和8连通性在数字图像处理中的应用和区别。

实　　训

1. 图像中的对象计数:编写一个简单的 Python 程序,接受一个二值图像(包含只有黑色和白色像素的图像)作为输入,然后计算图像中的白色对象数量。

说明:

① 白色像素表示对象的一部分,黑色像素表示背景。

② 一个对象是一组相邻的白色像素,可以通过4连通性或8连通性来定义对象的相邻性。

③ 编写一个函数,其中包含二值图像数据的二维列表(例如,1 表示白色像素,0 表示黑色像素)。

④ 函数应返回白色对象的数量。

代码如下:

```python
import numpy as np

image = np.array([
    [1, 0, 1, 0, 0],
    [1, 1, 0, 1, 0],
    [0, 0, 1, 0, 0],
    [0, 0, 0, 1, 1],
    [0, 0, 0, 0, 0]
])

def count_objects(image):
    rows, cols = image.shape
    visited = np.zeros_like(image)
    object_count = 0
    neighbors = [(0, 1), (1, 0), (0, -1), (-1, 0)]

    for row in range(rows):
        for col in range(cols):
            if image[row, col] == 1 and visited[row, col] == 0:
                object_count += 1
                stack = [(row, col)]
                visited[row, col] = 1
```

```
            while stack:
                current_pixel = stack[0]
                stack = stack[1:]

                for neighbor in neighbors:
                    neighbor_row = current_pixel[0] + neighbor[0]
                    neighbor_col = current_pixel[1] + neighbor[1]

                    if 1 <= neighbor_row < rows and 1 <= neighbor_col < cols:
                        if image[neighbor_row, neighbor_col] == 1 and visited[neighbor_row, neighbor_col] == 0:
                            stack.append((neighbor_row, neighbor_col))
                            visited[neighbor_row, neighbor_col] = 1

    return object_count

object_count = count_objects(image)
print(f'Number of white objects: {object_count}')
```

2. 使用 Python 编写代码,实现图像的边缘检测,例如,利用 Sobel 算子、Canny 边缘检测等方法,来检测一张彩色图像的边缘。

说明:

①选择一张彩色图像作为输入(可以从公共图像库中获取或使用自己的图像)。

②实现图像的边缘检测算法,将检测到的边缘标识出来。

③可选:绘制带有边缘标识的图像以及边缘检测的结果。

代码如下:

```
import cv2
import numpy as np

# 读取一张彩色图像
image = cv2.imread('lena.jpg')

# 将图像转换为灰度图
gray_image = cv2.cvtColor(image, cv2.COLOR_BGR2GRAY)

# 使用 Sobel 算子进行边缘检测
sobel_x = cv2.Sobel(gray_image, cv2.CV_64F, 1, 0, ksize=5)
sobel_y = cv2.Sobel(gray_image, cv2.CV_64F, 0, 1, ksize=5)

# 计算边缘强度和方向
edge_magnitude = np.sqrt(sobel_x**2 + sobel_y**2)
edge_direction = np.arctan2(sobel_y, sobel_x)

# 可选:将边缘强度映射到 0-255 范围
edge_magnitude = cv2.normalize(edge_magnitude, None, 0, 255, cv2.NORM_MINMAX, cv2.CV_8U)
```

```
# 显示原始图像和边缘检测结果
cv2.imshow('Original Image', image)
cv2.imshow('Edge Detection Result', edge_magnitude)
cv2.waitKey(0)
cv2.destroyAllWindows()
```

3. 综合实训:开发智能农田监控与病虫害检测系统。

【实训描述】

开发一个智能农田监控系统,旨在监测农田状况、检测植物病虫害,达到帮助农民更有效地管理农作物的效果。

【实训目标】

注意系统设计的功能性、准确性、实时性、用户友好性,以及报警功能。从这几个方面进行评估,并能够分析系统如何有助于提高农田管理效率和减少病虫害损失。

【实训步骤】

(1)传感器集成:选择和集成各种传感器,包括温度传感器、湿度传感器、土壤湿度传感器、图像采集设备等。这些传感器将用于监测环境条件和采集图像。

(2)数据采集:编写代码来定期采集传感器数据和图像,将数据存储在数据库中。

(3)图像处理和分割:使用图像处理技术,如区域生长法或阈值分割,来分割植物区域和背景。这有助于检测植物病虫害。

(4)病虫害检测:开发检测图像中的植物病虫害的算法。这可以包括使用机器学习技术,如卷积神经网络,来训练一个模型以识别不同的病虫害。

(5)数据分析和可视化:学生将分析传感器数据和图像数据,以生成关于农田状况的报告。他们还可以将结果可视化,以便农民可以轻松理解。

(6)报警系统:开发一个报警系统,当检测到植物病虫害或环境条件不适合时,系统会自动发送警报。

(7)用户界面:创建用户友好的界面,以便农民可以通过智能手机或计算机监控农田情况。

第 4 章 图像处理中的正交变换

学习目标

1. 了解傅里叶变换的基本原理，学会如何使用傅里叶变换进行图像滤波和频域分析，掌握傅里叶变换在图像处理中的应用。

2. 理解离散余弦变换的工作原理，学会如何使用 DCT 进行图像压缩和编码，理解 DCT 与 JPEG 图像压缩的关系以及其优点。

3. 了解沃尔什变换的基本原理和离散化算法，掌握沃尔什变换在信号处理和数据压缩中的应用，理解沃尔什编码和解码的过程。

4. 学习哈尔函数的定义和性质，如何构建哈尔变换，了解哈尔变换在图像边缘检测和特征提取中的应用，掌握哈尔变换的快速算法。

5. 理解斜矩阵的结构和性质，如何进行斜变换，学会如何使用斜变换进行数据压缩和特征提取，理解斜变换在图像处理中的应用，如斜小波变换。

6. 了解小波变换的基本原理和多尺度分析的概念，掌握小波变换的不同类型，如离散小波变换和连续小波变换，学会如何使用小波变换进行图像压缩、去噪、特征提取和变换域分析。

知识导图

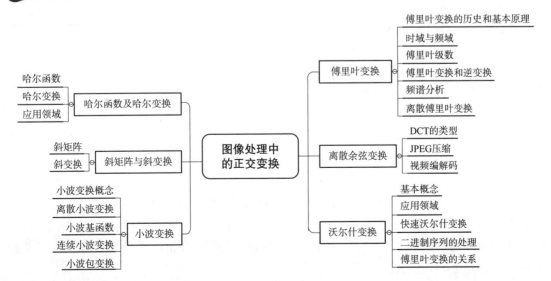

学习这些正交变换方法可以帮助你更好地理解图像处理和信号处理领域,以及如何应用它们来解决不同的图像处理问题。这些技术在计算机视觉、图像压缩、图像分析和图像编码等领域中具有广泛的应用。

正交变换是图像处理和信号处理领域中的重要概念之一,它通常用于改变信号或图像的表示方式,以便更好地分析、处理或压缩它们。正交变换是一种线性变换,具有一些特殊的性质,其中最重要的是保持向量的长度和角度不变。这种性质使得正交变换在许多应用中都非常有用,例如数据压缩、特征提取、滤波、傅里叶分析等领域。

正交变换的主要目的是将原始数据转换为一组正交基向量上的系数,从而能够更好地表示数据的结构和特征。这有助于降低数据的维度、减少冗余信息,或者突出数据中的重要信息。在图像处理中,正交变换通常用于傅里叶变换、卷积、小波变换等。

正交变换的选择通常取决于应用的需求和数据的性质。不同的正交变换方法适用于不同的任务,因此在图像处理中,研究人员经常需要根据具体情况选择适当的变换方法。正交变换在图像处理中的应用有助于提高图像质量、减少数据量、突出感兴趣的特征等,因此它们在计算机视觉、图像压缩和图像分析等领域中得到广泛应用。

4.1 傅里叶变换

傅里叶变换是信号处理和图像处理中的关键数学工具,用于将信号或图像从时域(空域)转换为频域,以分析它们的频率成分和结构。

傅里叶变换是一种数学变换,可以将一个函数(通常是时域信号或图像)分解为不同频率的正弦和余弦波成分。这允许我们理解信号或图像的频率特性。学习傅里叶变换是理解信号和图像处理的基础,它为分析和处理不同领域的数据提供了强大的工具。能够熟练地使用傅里叶变换可以帮助解决许多实际问题,包括音频处理、图像处理、通信系统设计等。

4.1.1 傅里叶变换的历史和基本原理

1. 傅里叶变换的历史

傅里叶变换的历史可以追溯到 18 世纪和 19 世纪,其发展经历了多个重要的阶段。傅里叶是法国数学家和物理学家,他的工作对傅里叶变换的发展起到了关键作用。傅里叶的研究领域涉及热传导、热力学、振动、光学等。他最著名的工作之一是关于渐近级数的研究,这个工作为傅里叶级数的发展奠定了基础。

傅里叶(见图 4-1)于 1822 年发表了一篇题为《关于热的分配时的解析方法》的著名论文。在这篇论文中,他提出了傅里叶级数,用于解决热传导方程的问题。傅里叶级数将周期性函数分解为正弦和余弦函数的无穷级数,这被认为是傅里叶变换的雏形。

傅里叶级数(见图 4-2)的概念在 19 世纪末和 20 世纪初得到进一步的发展。傅里叶变换的理论基础在 20 世纪初受到调和分析的影响,调和分析是研究周期函数和周期性信号的一门数学分支。这推动了傅里叶变换的理论和应用。傅里叶变换在工程和应用领域中的广泛采用始于 20 世纪中叶。它在信号处理、通信、图像处理、音频处理和物理学等领域发挥了关键作用。

图4-1 让·巴普蒂斯·约瑟夫·傅里叶

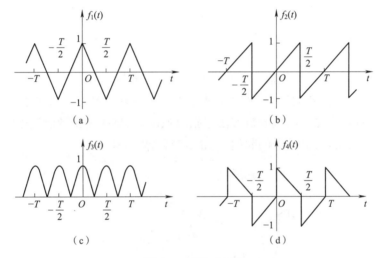

图4-2 傅里叶级数

时至今日,傅里叶变换在多个领域中仍然具有关键意义,包括图像处理、音频处理、通信、控制系统、科学研究等。它在科学、工程和技术领域中的应用持续不断地拓展。它的发展经历了数学理论、应用领域的扩展,以及计算机技术的推动,使得它成为现代科学和工程中不可或缺的工具之一。

2. 傅里叶变换的基本原理

傅里叶变换允许从时域(空域)转换到频域,以便更好地理解信号的频率成分和结构。以下是傅里叶变换的基本原理:

傅里叶变换的起点是针对周期信号的傅里叶级数。周期信号可以表示为正弦和余弦函数的无穷级数,每个分量有不同的频率和振幅。对于非周期连续信号,傅里叶变换将信号从时域转换为频域。这是通过积分操作完成的,其数学表达式如下:

$$F(f(t)) = F(\omega) = \int f(t) e^{-iwt} dt$$

其中，$F(\omega)$表示频域中的复数表示，$f(t)$是时域中的信号，ω表示频率，i是虚数单位。

对于离散信号，傅里叶变换使用离散傅里叶变换（DFT）来完成变换。DFT适用于离散时间信号，可以通过离散和有限的样本计算频域表示。傅里叶变换是双射变换，它将信号从时域转换到频域。逆傅里叶变换用于将频域表示重新转换回时域，恢复原始信号。傅里叶变换的结果在频域中表示信号的频率成分，包括振幅和相位信息。频域表示有助于分析信号的频谱，理解信号中的不同频率分量。

傅里叶变换在信号处理、图像处理、音频处理、通信系统设计以及物理学等领域广泛应用。它用于频谱分析、滤波、噪声消除、信号压缩等多个方面。傅里叶变换的基本原理使我们能够将信号从时域转换到频域，这对于许多应用非常重要，例如，在音频处理中分析音频信号的频谱特性，或者在图像处理中进行频域滤波以增强图像。傅里叶变换是信号处理和图像处理的核心工具之一。

4.1.2 时域与频域

时域和频域是两个重要的信号处理领域，用于分析和描述信号的不同方面。它们在多个领域，包括工程、物理学、音频处理和图像处理等都有广泛的应用。

1. 时域

时域（time domain）分析关注信号随时间的变化。在时域中，信号被表示为一个函数，其中横坐标表示时间，纵坐标表示信号的幅度（见图4-3）。时域分析用于观察信号的波形、周期性、脉冲响应等特征。常见的时域分析方法包括时域图表、自相关函数、卷积等。时域分析适用于描述信号的动态特性，如信号的起始、终止、波峰、波谷等。

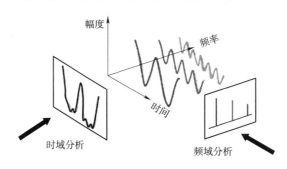

图 4-3　时域与频域

2. 频域

频域（frequency domain）分析关注信号的频率成分，即信号中包含的不同频率的成分。在频域中，信号可以被表示为频率和幅度的函数，通常使用傅里叶变换或其变种来将信号从时域转换为频域。频域分析可用于查找信号的频率成分、频谱特性、滤波、峰值频率等。这对于分析信号的周期性、频率响应、谐波成分等非常有用。

时域和频域分析通常是相辅相成的，可以相互转换。傅里叶变换是其中一个关键工具，它可以将信号从时域转换为频域，而逆傅里叶变换则可以将频域信号还原为时域信号。这种分析方法在信号处理、通信系统、音频处理、图像处理以及控制系统等领域都有广泛应用，帮助人们理解和处理各种类型的信号数据。

周期信号可分为一个或几个,乃至无穷多个谐波的叠加。

4.1.3 傅里叶级数

傅里叶级数(Fourier series)是一种数学工具,用于表示周期性函数,将它们分解为一组正弦和余弦函数的线性组合。这个级数是以法国数学家约瑟夫·傅里叶的名字命名的,他在19世纪早期首次引入了这个概念。

傅里叶级数的一般形式如下:

$$f(x) = a_0 + \sum_{n=1}^{+\infty} [a_n \cos(2\pi nx/T) + b_n \sin(2\pi nx/T)]$$

其中,$f(x)$是周期性函数,其周期为T,a_0是直流分量(平均值),通常通过$f(x)$函数在一个周期内的平均值来计算。a_n和b_n是傅里叶系数,它们用于确定正弦和余弦分量的振幅和相位。n是正整数,代表傅里叶级数中的谐波分量。

傅里叶级数的关键思想是,几乎任何周期性函数都可以表示为不同频率的正弦和余弦函数的组合。通过计算函数$f(x)$与正弦和余弦函数的内积,可以获得傅里叶系数a_n和b_n的值。这允许我们将原始函数分解为不同频率分量,从而更好地理解和分析周期性现象。

傅里叶级数在物理学、工程、信号处理、音频合成、图像处理等领域中具有广泛的应用。它是傅里叶变换的基础,傅里叶变换用于将非周期性信号分解为连续频谱成分。傅里叶级数的使用使我们能够处理和分析各种周期性信号,以更好地理解它们的性质和行为。

4.1.4 傅里叶变换和逆变换

傅里叶变换(Fourier transform)和逆傅里叶变换(inverse Fourier transform)是一对重要的数学工具,用于在时域和频域之间进行信号转换。它们允许我们将信号从时域转换到频域以及从频域还原到时域,从而更好地理解信号的频率特性和时域行为。

1. 傅里叶变换

傅里叶变换用于将一个函数从时域转换为频域。给定一个时域信号$f(t)$,它的傅里叶变换表示为$F(\omega)$或$F(f)$,其中ω是频率(通常以弧度/秒为单位)。

傅里叶变换的一般形式为

$$F(\omega) = \int_{-\infty}^{+\infty} f(t) e^{-i\omega t} dt$$

这表示了时域信号$f(t)$在频域中的表示,其中i是虚数单位。

傅里叶变换可以用来分析信号的频谱成分,识别信号中包含的不同频率成分,以及在频域中执行滤波和频域处理等操作。

2. 逆傅里叶变换

逆傅里叶变换是傅里叶变换的逆操作,它允许将一个频域信号还原为时域信号。给定一个频域信号$F(\omega)$,它的逆傅里叶变换表示为$f(t)$。

逆傅里叶变换的一般形式为

$$f(t) = \frac{1}{2\pi} \int_{-\infty}^{+\infty} F(\omega) e^{i\omega t} d\omega$$

逆傅里叶变换允许从频域信号中恢复原始时域信号,包括信号的幅度和相位信息。

逆傅里叶变换在信号处理、图像处理、音频处理、通信系统、物理学等领域中有广泛的应用。它们是分析和处理信号的强大工具,允许工程师和研究人员在不同的领域中更好地理解信号的特性和行为。

4.1.5 频谱分析

频谱分析是一种用于研究信号频率成分的技术,它有助于理解信号的频域特性。频谱分析可应用于各种领域,包括信号处理、通信、音频处理、振动分析、图像处理和物理学等。

1. 频谱

频谱是信号在频域中的表示,通常以频率和幅度为坐标轴。频谱图显示了信号中不同频率成分的强度或幅度分布。信号的频谱提供了关于信号频率成分的信息,包括主要频率、谐波、杂散频率等。

2. 傅里叶变换

傅里叶变换是频谱分析的核心工具,它将时域信号转换为频域信号。通过傅里叶变换,可以将信号表示为一组正弦和余弦函数的频率成分。

傅里叶变换的结果通常以复数形式表示,其中包含频率成分的振幅和相位信息。

3. 功率谱密度

功率谱密度是频谱分析的一种形式,用于表示信号的频率成分的能量分布。它描述了每个频率成分的贡献。

功率谱密度通常表示为功率/频率单位(如瓦特/赫兹),并告诉我们在不同频率范围内信号的能量。

4. 快速傅里叶变换

快速傅里叶变换(fast Fourier transform,FFT)是一种高效的算法,用于计算离散信号的傅里叶变换。它允许在数字计算机中快速计算信号的频谱。

FFT 广泛应用于数字信号处理、音频分析、图像处理和通信系统中。

5. 频谱分析应用

频谱分析用于分析信号的频率成分,检测周期性和谐波,识别噪声和干扰,以及执行滤波和信号增强等操作。

在通信中,频谱分析有助于频谱管理和频谱分配,以减少干扰。在音频处理中,频谱分析用于音频合成、均衡和降噪。在物理学中,频谱分析可用于研究波动、振动和声学现象。

频谱分析是一种强大的工具,有助于深入了解信号的频域特性,从而更好地处理和解释各种信号。

4.1.6 离散傅里叶变换

离散傅里叶变换(discrete Fourier transform,DFT)是傅里叶变换在离散信号处理中的应用,用于将离散时间域信号转换为离散频率域信号。DFT 是一种非常重要的工具,广泛用于数字信号处理、图像处理、音频处理、通信系统和其他领域,以分析信号的频域特性。

1. 离散时间域信号

离散时间域信号是在离散的时间点上采样的信号,通常由一个有限数量的采样值组成。一个离散时间域信号可以表示为序列$\{x[0],x[1],x[2],\cdots,x[N-1]\}$,其中$N$是信号的长度,通常是2的幂。

2. 离散傅里叶变换

离散傅里叶变换是一种将离散时间域信号转换为离散频率域信号的数学工具。

离散傅里叶变换的一般形式如下:

$$X[k] = \sum_{n=0}^{N-1} x[n] \cdot e^{-j\frac{2\pi}{N}kn}, k = 0,1,2,\cdots,N-1$$

其中,$X[k]$是频域中的第k个离散频率成分,$x[n]$是时域中的第n个采样值,N是信号的长度,j是虚数单位。

3. 逆离散傅里叶变换

逆离散傅里叶变换是将离散频率域信号还原为时域信号的操作。

逆离散傅里叶变换的一般形式如下:

$$x[n] = \frac{1}{N} \sum_{k=0}^{N-1} X[k] \cdot e^{j\frac{2\pi}{N}kn}, n = 0,1,2,\cdots,N-1$$

离散傅里叶变换允许人们在数字环境中分析信号的频域特性,识别信号的频率成分,执行滤波操作,进行谱分析以及在各种应用中处理和分析离散信号数据。

4.2 离散余弦变换

离散余弦变换(discrete cosine transform,DCT)是一种广泛用于信号处理、图像处理和压缩领域的数学变换方法。它用于将空域(时域)信号转换为频域信号,类似于傅里叶变换,但在某些应用中更为有效。最著名的应用之一是JPEG图像压缩。

4.2.1 DCT的类型

离散余弦变换有多种类型,标准DCT被广泛使用,但还存在其他类型的DCT,具有不同的数学形式和性质。以下是几种常见的DCT类型。

1. DCT-Ⅰ

DCT-Ⅰ是一种单一的正交DCT,用于将实对称信号(奇对称频谱)转换为频域表示。它通常不用于图像压缩和编解码,但在某些信号处理应用中可能有用。

DCT-Ⅰ的一维形式如下:

$$X[k] = \sum_{n=0}^{N-1} x[n] \cdot \cos(\frac{\pi}{N}(n+0.5)k), k = 0,1,2,\cdots,N-1$$

2. DCT-Ⅱ(标准DCT)

DCT-Ⅱ是最常见的DCT类型,用于将一维或二维实对称信号转换为频域表示。它在图像压缩和音频编解码等应用中广泛使用。

二维标准DCT用于图像处理,将二维图像转换为频域表示。

3. DCT-Ⅲ

DCT-Ⅲ是 DCT-Ⅱ 的逆变换,用于将频域信号还原为时域信号。它的数学形式是 DCT-Ⅱ 的逆运算。

一维 DCT-Ⅲ 和二维 DCT-Ⅲ 与 DCT-Ⅱ 和 DCT-Ⅱ 相对应,但有逆变换的特性。

4. DCT-Ⅳ

DCT-Ⅳ 是 DCT-Ⅱ 的变种,用于将实奇对称信号转换为频域表示。它在某些应用中可能有用。

DCT-Ⅳ 的一维形式如下:

$$X[k] = \sum_{n=0}^{N-1} x[n] \cdot \cos(\frac{\pi}{N}(n+0.5)(k+0.5)), k = 0,1,2,\cdots,N-1$$

这些不同类型的 DCT 适用于不同的信号处理应用,选择合适的类型取决于信号的性质以及所需的性能和压缩效率。在实际应用中,通常使用标准 DCT(DCT-Ⅱ)进行常规的信号和图像处理。

4.2.2 JPEG 压缩

DCT 在 JPEG 图像压缩中得到广泛应用,其中图像被分成小块,每个小块进行 DCT 变换,然后保留高频和低频成分的部分系数,并进行量化。这可以显著减小图像文件的大小,同时保留了相对较高的图像质量。

本书第 2.5 节中介绍过 JPEG 是一种常用的图像压缩标准,用于减小数字图像文件的大小,同时尽量保持图像质量。JPEG 压缩采用了离散余弦变换和量化等技术。

在 JPEG 压缩的过程中主要经历以下几个步骤:

1. 颜色空间转换

对于彩色图像,通常首先将 RGB 颜色空间转换为亮度 – 色度(YCbCr)颜色空间。这个变换将图像分成一个亮度分量(Y 通道)和两个色度分量(Cb 和 Cr 通道)。亮度分量包含大部分图像的信息,而色度分量包含颜色信息。

2. 分块

图像被分成 8×8 像素的块。这些块是 DCT 的基本单位。

3. 离散余弦变换

对每个 8×8 块进行 DCT 变换。DCT 将每个块从时域(空间域)转换为频域(DCT 系数)。这意味着每个块中的数据被转换为频率分量,通常由一组 DCT 系数表示。

4. 量化

量化是 JPEG 压缩的关键步骤。在量化中,DCT 系数通过除以一个固定的量化表中的值而被舍入为整数。这会导致某些高频部分的系数变为零或接近零,从而去掉了一些细节。不同的量化表可以用来控制图像的压缩质量。

5. 压缩

压缩后的 DCT 系数以熵编码的方式进行编码,通常使用霍夫曼编码或其他压缩算法来表示这些系数,这进一步减小了文件的大小。

6. 存储

压缩后的图像数据以 JPEG 格式保存。JPEG 格式支持不同的压缩质量级别,用户可以根据需要选择不同的质量级别。

JPEG 压缩的优点在于它能够显著减小图像文件的大小,适用于存储和传输图像,同时提供了可接受的图像质量。但需要注意的是,JPEG 是一种有损压缩,这意味着在压缩过程中会损失一些图像细节,特别是在高质量级别下也会有损失,因此不适用于无损图像压缩。另外,重复压缩 JPEG 图像可能会导致质量下降,所以需要慎重使用。

4.2.3 视频编解码

视频编解码,通常简称为视频编解码或视频压缩,是将数字视频信号进行压缩和解压缩的过程。视频编码旨在减小视频文件的大小,使其更易于存储和传输,同时尽量保持视频质量。解码是将压缩后的视频信号还原为可播放的视频。

(1)视频采集:视频编码的过程通常从摄像头或其他视频源中获取原始视频数据。这些数据通常以每秒多帧的速度捕获,每帧包含一系列连续的图像。

(2)采样和量化:原始视频数据会被采样,通常以亮度-色度(YUV)颜色空间,将颜色信息(色度分量)和亮度信息(亮度分量)分开。然后,这些分量会被量化,减少数据的精度,以便进行后续压缩。

(3)运动估计:视频编码算法会检测相邻帧之间的运动信息,以便在压缩中只存储图像中发生变化的部分。这可以减小压缩文件的大小,尤其对于动态视频来说效果显著。

(4)空间和时间压缩:视频编码使用各种技术来减小视频数据的大小。这包括离散余弦变换来减小图像中的高频信息,以及运动补偿来消除冗余信息。这些技术可在编码器中实现,以减小数据的大小。

(5)编码:在编码阶段,视频数据以压缩的方式表示为一系列编码帧,这些编码帧通常使用压缩算法(如 H.264、H.265、VP9 等)编码。编码帧包括关键帧(I 帧)和预测帧(P 帧、B 帧等),它们根据前面和后续帧之间的关系进行编码。编码帧的选择和顺序对于压缩性能非常重要。

(6)存储和传输:压缩后的视频数据可以存储为视频文件或流媒体,用于在线视频传输。不同的存储和传输格式(如 MP4、AVI、HLS 等)可用于不同的应用。

(7)解码:在观看视频时,压缩的视频数据需要被解码为可播放的视频。解码器会还原视频帧并按正确的顺序播放,同时还会使用压缩前的原始数据来填补缺失的部分。

视频编解码在数字媒体、电视、视频会议、流媒体和多媒体通信等领域都有广泛应用。它使得高质量的视频可以以较低的数据速率进行传输和存储,从而满足了多种应用的需求。

离散余弦变换是一种有用的工具,可用于信号和图像处理中的频域表示和数据压缩。不同类型的 DCT 在不同应用中都有用途,具体取决于所需的性能和数据压缩比。

4.3 沃尔什变换

沃尔什变换(Walsh transform)是一种正交变换,通常应用于数字通信、数据压缩、图像处理、模式识别和傅里叶分析等领域。它在这些领域中可以用于信号的频域分析和数据编码。

沃尔什变换有许多有用的性质,如正交性、对称性和快速计算性质。这些性质使其成为一种有效的信号处理工具。

总的来说,沃尔什变换是一种用于信号处理和数据分析的重要数学工具,具有多种应用,特别适用于处理二进制信号。它的特点包括正交性、快速计算性质和广泛的应用领域。

4.3.1 基本概念

沃尔什变换是一种数学变换,通常用于信号处理和数据分析。它是一种分段线性变换,可以将输入信号或数据序列从时间域(或空域)转换到频率域。沃尔什变换的基本概念包括以下内容:

(1)正交性:沃尔什变换是一种正交变换,这意味着变换后的基函数之间是正交的。这使得它在信号处理和数据分析中具有很多有用的性质,类似于傅里叶变换。

(2)分段性质:沃尔什变换通常应用于分段信号或数据,即将信号或数据分成若干段,然后对每个段进行变换。这有助于分析信号的局部特征。

(3)二进制表示:沃尔什变换的输入和输出通常是二进制的,即由 +1 和 -1 表示。这使得它在数字计算机上的实现非常高效。

(4)哈达玛变换:沃尔什变换是哈达玛变换(Hadamard transform)的特例。哈达玛变换是一种更一般的正交变换,而沃尔什变换是哈达玛变换的一种特殊形式。

(5)离散性质:沃尔什变换通常应用于离散序列,而不是连续信号。这意味着输入数据是以离散时间或空间间隔采样的。

总之,沃尔什变换是一种用于将信号或数据从时间域(或空域)转换到频率域的数学工具,具有正交性和分段性质,适用于二进制数据,并在多个应用领域中发挥重要作用。它有助于分析和处理数字信号,以揭示它们的频域特征和其他有用信息。

4.3.2 应用领域

沃尔什变换在多个应用领域中有广泛的应用,其中一些主要领域包括:

(1)数字信号处理:沃尔什变换常用于数字信号处理中,用于分析和处理离散信号的频谱特性。它可以帮助识别信号中的频率成分,进行滤波、降噪和解调等任务。

(2)数据压缩:沃尔什变换在数据压缩中发挥重要作用。通过将数据转换为频域表示,可以减小数据的冗余性,从而实现有效的压缩,例如在图像压缩和音频压缩中应用广泛。

(3)通信系统:在数字通信系统中,沃尔什变换用于编码和解码,特别是在正交频分复用(OFDM)等通信技术中。它有助于将数据转换为频域,以便在频谱中有效地传输和接收信息。

(4)编码理论:沃尔什变换在编码理论中用于纠错编码,尤其是在布尔代数编码和哈达玛码中。这些编码方案可以检测和纠正数据传输中的错误。

(5)图像处理:沃尔什变换可用于图像处理中,例如在图像压缩、图像滤波、纹理分析和特征提取中。它有助于分析图像的频域特性。

(6)音频处理:在音频处理领域,沃尔什变换可用于音频信号的频谱分析、降噪、压缩和特征提取。它在音频编解码和音频效果处理中也有应用。

(7)控制系统:沃尔什变换可用于控制系统分析和设计,特别是在频域控制理论中。它有助于分析系统的稳定性和性能。

(8)统计分析:沃尔什变换在统计分析中用于数据降维和特征选择。它可以帮助发现数据中的潜在模式和结构。

总之,沃尔什变换是一个多功能的工具,适用于多个领域,用于频域分析、数据处理、信号处理和编码等任务。其正交性和分段性质使其在这些领域中具有广泛的应用潜力。

4.3.3 快速沃尔什变换

快速沃尔什变换(fast Walsh transform,FWT)是一种高效的算法,用于计算沃尔什变换或哈达玛变换。FWT是一种分治算法,它可以大大减少计算复杂度,特别适用于大规模的变换操作。FWT的基本思想是将原始问题分解成较小的子问题,然后通过组合子问题的结果来得到原始问题的解。以下是FWT的一般工作原理:

(1)基本变换:FWT开始于一个二进制序列,通常长度为2的幂。每次变换涉及两个值的组合,生成两个新的值。变换规则通常是根据二进制表示中的位置进行组合。

(2)递归:FWT通常使用递归的方法,将原始问题划分为较小的子问题。每个子问题都是较小规模的沃尔什变换或哈达玛变换。

(3)组合:一旦子问题的结果计算完成,FWT将这些结果组合起来以获得原始问题的解。这涉及在新值上进行一些组合操作,通常是加法和减法。

(4)重复:这个过程递归地重复,直到计算出整个沃尔什变换或哈达玛变换的结果。

FWT的主要优点是它具有较低的计算复杂度,通常是$O(N \log N)$,其中N是输入序列的长度。这使得它在大规模信号处理和数据分析中非常有用。FWT常用于数字信号处理、数据压缩、通信系统、编码理论和图像处理等领域,以加速频域分析和数据变换操作。

4.3.4 二进制序列的处理

二进制序列处理是指对由0和1组成的二进制数据序列进行各种操作和分析。这种处理通常涉及数据的转换、压缩、编码、解码、特征提取、模式识别以及数据分析等任务。以下是一些常见的二进制序列处理方法和应用:

(1)位操作:对二进制序列进行基本的位操作,例如按位与、按位或、按位取反,可以用于数据的掩蔽、筛选和变换。

(2)压缩:二进制序列压缩是将长序列的0和1以更紧凑的方式表示的过程。常见的压缩算法包括霍夫曼编码、行程编码(run-length encoding,RLE)和算术编码(arithmetic coding)。这些方法可以减小数据存储和传输的需求。

(3)编码和解码:在通信领域,二进制序列常常需要编码以增加数据传输的可靠性。常见的编码方案包括汉明编码、卷积编码和Turbo编码。解码是恢复原始数据的过程。

(4)错误检测和纠正:一些二进制序列处理任务涉及检测和纠正传输或存储中引入的错误。此时,可使用错误检测和纠正编码,如海明码,来提高数据的可靠性。

(5)特征提取:在数据分析和模式识别中,二进制序列通常需要进行特征提取,以便从中提取有用的信息。例如,可以计算序列中的0和1的分布、模式、连续1的长度等。

(6)模式匹配:在二进制序列中查找特定的模式,这在字符串匹配、生物信息学、图像处理等领域中非常常见。算法如 KMP 算法和正则表达式用于模式匹配。

（7）数据分析：在数据科学和统计分析中，二进制序列可以用于分类、聚类、关联分析等任务。例如，关联规则挖掘可用于发现二进制数据集中的有趣关联。

（8）加密和安全：二进制序列处理在信息安全领域中至关重要。加密算法用于保护敏感信息，而解密算法用于恢复原始数据。

（9）图像处理：在数字图像处理中，图像通常以二进制表示，其中像素值为 0 或 1。处理图像二进制数据可用于边缘检测、形状识别、图像分割等任务。

（10）通信系统：二进制序列处理在数字通信系统中非常重要，涉及调制、解调、通道编码和调制解调等过程。

这些是处理二进制序列的常见方法和应用领域，这些方法有助于从二进制数据中提取有用信息，实现数据压缩、通信、模式识别和安全等各种任务。

4.3.5　傅里叶变换的关系

傅里叶变换是一种数学工具，用于将一个信号从时间域（或空域）转换为频率域。它有与沃尔什变换和哈达玛变换等其他变换之间的关系，尤其是在频域分析和信号处理中。以下是傅里叶变换与其他变换的关系：

1. 正交性

傅里叶变换是一种正交变换，就像哈达玛变换一样。正交性意味着傅里叶变换后的基函数之间是正交的，这使得在频域中表示信号或数据时非常有用。哈达玛变换和傅里叶变换都是正交变换，但沃尔什变换不一定是正交的。

2. 频域表示

傅里叶变换将信号从时间域转换为频率域，将信号的频率成分展示为复数幅度和相位。这类似于哈达玛变换，它也可以提供频率域表示。

3. 应用领域

傅里叶变换在频域分析、信号处理、图像处理和通信系统中非常常见，与哈达玛变换和沃尔什变换一样，它也在这些领域有应用。

4. 连续和离散

傅里叶变换有连续傅里叶变换（continuous Fourier transform，CFT）和离散傅里叶变换（DFT）两种形式。DFT 通常在数字信号处理中使用，而哈达玛变换和沃尔什变换也可以用于处理离散数据。

5. 傅里叶变换的快速算法

FFT 用于计算 DFT，特别适用于长序列的数据。类似地，快速哈达玛变换（fast Hadamard transform，FHT）和其他快速算法也用于加速哈达玛变换和沃尔什变换的计算。

总之，傅里叶变换与哈达玛变换和沃尔什变换之间存在一些共同点，尤其是在正交性和频域表示方面。然而，它们在应用领域和具体变换过程中仍有不同之处。傅里叶变换在频域分析和信号处理中非常重要，而哈达玛变换和沃尔什变换通常在特定应用领域中发挥作用。

4.4 哈尔函数及哈尔变换

哈尔函数(Haar function)和哈尔变换(Haar transform)是一种数学和信号处理中常用的工具,通常用于图像处理、压缩和特征提取等应用领域。它们以其简单性和快速性而闻名。哈尔变换的一维和二维版本通常涉及一系列离散变换步骤,其中包括平均和差分运算。这些变换可以通过迭代应用哈尔基函数来实现。由于哈尔函数的简单性和计算效率,它们在某些应用中非常有用,但在处理某些类型的数据时,可能不如一些变换方法灵活。

4.4.1 哈尔函数

哈尔函数是一组数学函数,通常用于描述方波或阶跃函数。它们是一种基本的波形,具有在某一时间点上的正值和负值,然后在下一个时间点上反转符号的特点。哈尔函数通常用于一维信号处理,但它们也可以扩展到更高维度的情况,如二维图像处理。

一维哈尔函数通常表示为以下形式:

$$1,\&\text{if}0\leq x<0.5\\-1,\&\text{if}0.5\leq x<1\\0,\&\text{otherwise}\\\end{cases}$$

这是一个简单的一维哈尔函数,它以0.5为中心点,从0到0.5处为正1,从0.5到1处为负1,其他位置为0。这个函数是正交的,因此它在一些信号处理和小波变换中非常有用,该函数具备正交特性,因而在信号处理领域以及小波变换技术中极具价值,特别是在将信号拆分为高频与低频成分的过程中,其应用尤为显著。

哈尔函数可以用于信号分解、数据压缩、特征提取等应用,通常与小波变换和小波包变换等技术一起使用。这些函数的简单性和计算效率使它们在某些情况下非常有用,但在处理某些类型的数据时,可能不如其他更复杂的小波函数灵活。以下是哈尔函数的简单示例代码:

```python
import numpy as np
import matplotlib.pyplot as plt

def haar_function(n):
    if n < 0:
        return 0
    elif n < 0.5:
        return 1
    elif n < 1:
        return -1
    else:
        return 0

# 生成哈尔函数
```

```python
n_values = np.linspace(0, 1, 1000)  # 离散的时间点
haar_values = [haar_function(n) for n in n_values]

# 绘制哈尔函数
plt.plot(n_values, haar_values, label = 'Haar Function')
plt.xlabel('n')
plt.ylabel('h(n)')
plt.title('One - Dimensional Haar Function')
plt.grid(True)
plt.legend()
plt.show()
```

这段代码定义了一个 haar_function 函数,用于计算一维哈尔函数在给定时间点 n 上的值。然后,它生成一系列离散时间点,并计算哈尔函数在这些点上的值,并使用 Matplotlib 库绘制了哈尔函数的图形。可以根据需要修改 n_values 数组的大小来调整离散点的数量和精度,其结果如图 4-4 所示。

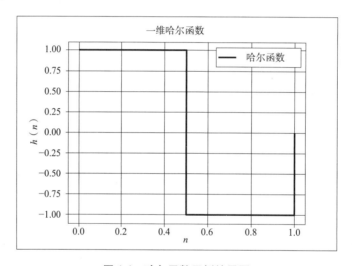

图 4-4　哈尔函数示例结果图

4.4.2　哈尔变换

哈尔变换是一种小波变换,用于将信号或图像分解成不同频率和尺度的成分。它是小波变换中最简单的一种形式,由两个基本函数(Haar 函数)构成,通常用于教学和理解小波变换的基本概念。哈尔变换在数学和信号处理领域具有重要的地位,尤其是在信号分析、数据压缩、特征提取等应用中。

哈尔变换的基本思想是通过递归地应用平均和差分运算来实现信号或图像的分解和重构。它可以应用于一维和二维数据。

在一维哈尔变换中,一个信号被分解成两部分:高频和低频成分。高频成分表示信号中的细节信息,而低频成分表示信号的大致趋势。

在二维哈尔变换中,一幅图像被分解成四部分:水平高频、水平低频、垂直高频和垂直低频

成分。这种分解有助于提取图像的纹理和特征信息。

虽然哈尔变换在理论上很有用,但它在实际应用中通常不如其他更复杂的小波变换方法灵活,因为它不能很好地适应不同类型的信号或图像。因此,在实际应用中,通常使用其他小波变换方法,如Daubechies小波、Symlet小波、Cohen-Daubechies-Feauveau小波(CDF小波)等,以获得更好的性能和适应性。以下是哈尔一维变换的简单示例代码。

```python
import numpy as np
import matplotlib.pyplot as plt
import warnings

# 禁用所有警告
warnings.filterwarnings("ignore")

# 创建一个字体对象
font = {
    'family': 'serif',
    'serif': ['Times New Roman'],
    'size': 12
}

# 将字体对象应用于 Matplotlib
plt.rc('font', **font)

# 创建示例数据
x = [1, 2, 3, 4]
y = [10, 5, 20, 15]

# 绘制图表
plt.plot(x, y)
plt.title('示例图表')

# 显示图表
plt.show()

# 设置使用的字体
plt.rcParams['font.family'] = 'Arial'

def haar_transform(signal):
    n = len(signal)
    if n == 1:
        return signal  # 基本情况:信号长度为1,无须变换

    # 计算信号的平均值和差分
    avg = [(signal[i] + signal[i + 1]) / 2 for i in range(0, n, 2)]
    diff = [signal[i] - signal[i + 1] for i in range(0, n, 2)]

    # 递归应用哈尔变换
```

```
        avg_transformed = haar_transform(avg)
        transformed_signal = avg_transformed + diff

    return transformed_signal

# 示例信号
signal = [1, 2, 3, 4]

# 执行哈尔变换
transformed_signal = haar_transform(signal)
print("原始信号:", signal)
print("哈尔变换后的信号:", transformed_signal)

# 可视化原始信号和哈尔变换后的信号
plt.figure(figsize = (10, 5))
plt.subplot(1, 2, 1)
plt.plot(signal)
plt.title('原始信号')

plt.subplot(1, 2, 2)
plt.plot(transformed_signal)
plt.title('哈尔变换后的信号')

plt.tight_layout()
plt.show()
```

在这个示例中,我们首先定义了一个 haar_transform 函数,该函数采用一维信号并执行哈尔变换。哈尔变换是通过递归应用平均和差分运算来实现的。在示例中,我们使用一个简单的一维信号 signal,并对其执行哈尔变换。你可以替换 signal 数组以执行哈尔变换的测试,其结果如图 4-5 所示。

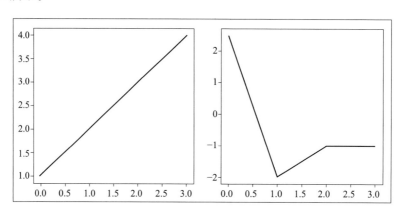

图 4-5　变换结果

以下是二维哈尔变换的相关代码:

```
import numpy as np
import matplotlib.pyplot as plt
```

```python
import warnings

# Ignore font - related warnings
warnings.filterwarnings("ignore", category=UserWarning)

# Font configuration for Matplotlib
font = {
    'family': 'serif',
    'serif': ['Times New Roman'],
    'size': 12
}
plt.rc('font', **font)

# Haar transform for 1D signal
def haar_transform(signal):
    n = len(signal)
    if n == 1:
        return signal
    
    avg = [(signal[i] + signal[i + 1]) / 2 for i in range(0, n, 2)]
    diff = [signal[i] - signal[i + 1] for i in range(0, n, 2)]
    
    avg_transformed = haar_transform(avg)
    transformed_signal = avg_transformed + diff
    
    return transformed_signal

# Example 1D signal
signal = [1, 2, 3, 4]
transformed_signal = haar_transform(signal)
print("Original signal:", signal)
print("Haar transformed signal:", transformed_signal)

# Visualize 1D signals with vibrant colors
plt.figure(figsize=(10, 5))
plt.subplot(1, 2, 1)
plt.plot(signal, color='#FF5733') # Reddish - Orange
plt.title('Original signal')

plt.subplot(1, 2, 2)
plt.plot(transformed_signal, color='#33FF6A') # Greenish
plt.title('Haar transformed signal')
plt.tight_layout()

# Haar transform for 2D matrix
def haar_transform_2d(matrix):
    rows, cols = matrix.shape
    if rows == 1 and cols == 1:
        return matrix
```

```python
        if rows % 2 != 0 or cols % 2 != 0:
            raise ValueError("Matrix dimensions must be powers of 2")

        avg_rows = np.zeros((rows, cols // 2))
        for i in range(rows):
            for j in range(cols // 2):
                avg_rows[i, j] = (matrix[i, 2 * j] + matrix[i, 2 * j + 1]) / 2

        avg_cols = np.zeros((rows // 2, cols // 2))
        for i in range(rows // 2):
            for j in range(cols // 2):
                avg_cols[i, j] = (avg_rows[2 * i, j] + avg_rows[2 * i + 1, j]) / 2

        avg_cols_transformed = haar_transform_2d(avg_cols)
        transformed_matrix = np.zeros((rows, cols))
        transformed_matrix[:rows // 2, :cols // 2] = avg_cols_transformed

        return transformed_matrix

# Example 2D matrix
input_matrix = np.array([[1, 2, 3, 4],
                         [5, 6, 7, 8],
                         [9, 10, 11, 12],
                         [13, 14, 15, 16]])

transformed_matrix = haar_transform_2d(input_matrix)
print("Original matrix:")
print(input_matrix)
print("2D Haar transformed matrix:")
print(transformed_matrix)

# Visualize 2D matrices with vibrant colors
plt.figure(figsize=(10, 5))
plt.subplot(1, 2, 1)
plt.imshow(input_matrix, cmap='cool', interpolation='nearest')
plt.title('Original matrix')

plt.subplot(1, 2, 2)
plt.imshow(transformed_matrix, cmap='hot', interpolation='nearest')
plt.title('2D Haar transformed matrix')
plt.tight_layout()
plt.show()
```

这段代码的主要目的是演示哈尔变换的概念,它以两个主要部分为核心:

(1) 一维哈尔变换:

在这部分中,首先定义了一个 haar_transform 函数,用于执行一维哈尔变换。该函数接收一个一维信号作为输入,并通过递归地将信号分解为平均值和差值来执行变换。然后,使用 Matplotlib 可视化展示了原始信号和哈尔变换后的信号。通过使用不同的颜色,以红橙和绿色呈现,使图形更具生动感。

(2)二维哈尔变换:

这部分定义了 haar_transform_2d 函数,用于执行二维哈尔变换。它接收一个示例的二维矩阵作为输入,然后将该矩阵分解成平均值,依次按行和列进行平均,然后递归应用二维哈尔变换。再次使用 Matplotlib 可视化展示了原始二维矩阵和哈尔变换后的矩阵,分别用冷色调和热色调的颜色方案进行呈现。

整个代码演示了哈尔变换的理论和实际应用,以及如何使用 Python 和 Matplotlib 库进行数学变换和图形可视化,其结果如图 4-6 所示。

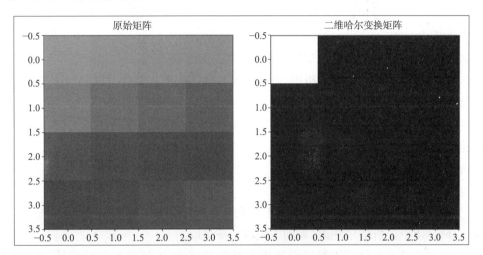

图 4-6 二维哈尔变换图像

哈尔变换的逆变换可以通过类似的递归过程来实现。一维哈尔变换和二维哈尔变换是最简单的小波变换,但通常用于教学和理解小波变换的基本原理。在实际应用中,通常会使用更复杂的小波变换,如 Daubechies 小波变换、哈尔小波包变换等,以获得更好的性能和灵活性。

扫一扫

部分图片彩图效果

4.4.3 应用领域

当涉及不同应用领域时,哈尔变换可以有更具体的应用和益处。

1. 信号处理

语音信号处理:哈尔变换可用于语音信号的特征提取,如语音识别和语音合成。

生物信号处理:用于处理生物医学信号,如心电图(ECG)和脑电图(EEG)以进行医学诊断。

2. 图像处理和压缩

图像压缩:哈尔变换广泛用于图像压缩,例如在 JPEG 2000 压缩标准中。通过哈尔变换,图像可以分解为高频和低频部分,允许有效压缩图像数据。

图像增强:可以使用哈尔变换来增强图像的对比度,减少噪声,并突出图像中的细节。

纹理分析:哈尔变换可用于纹理分析,有助于识别图像中的纹理特征,这在地质勘探和纹理识别中非常有用。

3. 数据压缩

信号压缩：在通信领域，哈尔变换可用于压缩数字信号以便传输。

数据降维：哈尔变换可以降低数据的维度，有助于处理大规模数据集。

4. 模式识别

对象检测：哈尔变换可用于检测图像中的特定对象或模式。

人脸识别：在人脸识别中，哈尔特征通常用于检测脸部特征并进行身份验证。

5. 地理信息系统

遥感图像处理：哈尔变换可用于处理遥感图像以提取地理信息，如土地覆盖分类和资源管理。

6. 医学图像处理

医学图像增强：哈尔变换可用于增强医学图像以显示隐藏的结构和异常。

医学图像分析：在医学图像分析中，哈尔变换有助于提取病变特征以进行诊断。

7. 加密和安全

图像和数据加密：哈尔变换可用于加密图像和数据，以保护其机密性。

8. 金融分析

波动性分析：在金融领域，哈尔变换可用于分析资产价格的波动性，有助于风险管理。

9. 通信系统

数字调制：哈尔变换在数字调制中用于将数字数据转换为模拟信号以进行传输。

频谱分析：用于分析信号频谱，有助于频域特征提取。

总之，哈尔变换在各种应用领域中发挥重要作用，有助于处理和分析信号、图像和数据。其灵活性和多功能性使其成为许多领域的重要工具。

4.5 斜矩阵与斜变换

斜矩阵是一种特殊类型的矩阵，其主要特征是它们的转置矩阵等于其相反数。这意味着斜矩阵的主对角线元素必须为零，而非对角线元素可以是非零值。斜矩阵在数学和物理学中有广泛的应用，包括在刚体力学、电磁学和角动量计算中。

斜变换是一种数学变换，通常用于二维或三维几何空间。它是一种刚体变换，包括旋转和剪切。斜变换可以用一个斜矩阵表示，该矩阵描述了变换中的剪切部分。斜变换可以用来改变对象的位置和方向，但保持其形状不变。在二维空间中，斜变换用于剪切平行线，而在三维空间中，它可以用来实现平面的扭曲和剪切。

总之，斜矩阵和斜变换在数学、几何学和物理学中都具有重要的应用，它们用于描述旋转、剪切和变换等概念，对于解决各种问题和模拟现实世界中的现象都非常有用。

4.5.1 斜矩阵

斜矩阵（skew matrix），也称为斜对称矩阵（skew-symmetric matrix）或反对称矩阵（antisymmetric matrix），是一种特殊类型的方阵（行数等于列数的矩阵）。

一个方阵 A 是斜矩阵，如果满足以下条件：

(1) A 是方阵,即它的行数等于列数。

(2) A 的转置矩阵 A^T 等于 A 的相反数,即 $A^T = -A$。

由于 A 的转置矩阵 A^T 是通过将 A 的行和列互换得到的,因此斜矩阵的定义可以表示为 A 的主对角线上的元素为零,而非主对角线上的元素在符号上是相反的。这就是为什么斜矩阵通常包含零主对角线元素以及成对的相反元素对。斜矩阵的示例代码如下:

```python
import numpy as np
import matplotlib.pyplot as plt
import warnings
warnings.filterwarnings("ignore", category=RuntimeWarning)

# 添加以下字体配置
plt.rcParams['font.sans-serif'] = ['SimHei']  # 设置中文字体
plt.rcParams['font.family'] = 'sans-serif'

# 创建一个斜矩阵
skew_matrix = np.array([[0, -2, 3],
                        [2, 0, -5],
                        [-3, 5, 0]])

# 打印斜矩阵
print("斜矩阵:")
print(skew_matrix)

# 绘制斜矩阵
plt.figure(figsize=(5, 5))
plt.imshow(skew_matrix, cmap='coolwarm', interpolation='none')
plt.colorbar()
plt.title("斜矩阵")
plt.show()

# 检查是否为斜矩阵
is_skew_symmetric = (skew_matrix == -skew_matrix.T).all()
if is_skew_symmetric:
    print("这是一个斜矩阵。")
else:
    print("这不是一个斜矩阵。")

# 进行斜矩阵的转置
transpose_matrix = skew_matrix.T
print("斜矩阵的转置:")
print(transpose_matrix)

# 绘制斜矩阵的转置
plt.figure(figsize=(5, 5))
plt.imshow(transpose_matrix, cmap='coolwarm', interpolation='none')
plt.colorbar()
plt.title("斜矩阵的转置")
```

```
    plt.show()

# 斜矩阵的加法示例
another_skew_matrix = np.array([[0, -1, 2],
                                [1, 0, -3],
                                [-2, 3, 0]])

resultant_matrix = skew_matrix + another_skew_matrix
print("两个斜矩阵相加的结果:")
print(resultant_matrix)

# 绘制相加后的斜矩阵
plt.figure(figsize = (5, 5))
plt.imshow(resultant_matrix, cmap = 'coolwarm', interpolation = 'none')
plt.colorbar()
plt.title("相加后的斜矩阵")
plt.show()
```

这段代码使用 NumPy 创建斜矩阵,通过 Matplotlib 可视化该矩阵及其转置,并检查它是否为斜矩阵。同时,通过配置 Matplotlib 字体以支持中文字符,避免了警告信息的显示,最后进行了两个斜矩阵的加法操作,并可视化结果矩阵,为了更好地理解斜矩阵的性质和操作。图 4-7 所示为结果图。

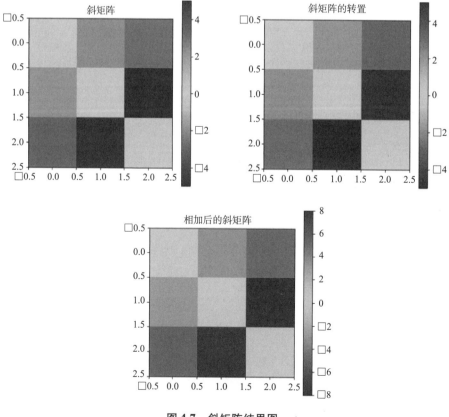

图 4-7　斜矩阵结果图

斜矩阵在数学和物理学中有广泛的应用,包括以下领域:

(1)刚体力学:斜矩阵用于描述刚体的角速度和角加速度。

(2)电磁学:在电磁场理论中,斜矩阵用于表示磁场的旋度。

(3)角动量:斜矩阵常用于描述角动量和角速度的关系。

总之,斜矩阵是一种特殊的矩阵类型,其主要特征是转置矩阵等于相反数,而它在多个学科中用于描述和分析不同类型的物理现象和数学关系。

4.5.2 斜变换

斜变换(skew transformation)是一种数学变换,通常用于几何学中的二维或三维空间。斜变换是一种刚体变换,包括旋转和剪切操作,用于改变对象的位置和方向,但保持其形状不变。

在斜变换中,对象的平行线可能会变为非平行线,而角度和长度保持不变。这种变换通常由一个斜矩阵来表示,斜矩阵描述了变换中的剪切部分。在二维空间中,斜变换可以用来剪切平行线,使它们不再平行。在三维空间中,斜变换可以用来实现平面的扭曲和剪切。以下是一个简单的 Python 示例代码,演示如何执行二维斜变换:

```python
import numpy as np
import matplotlib.pyplot as plt

# 配置 Matplotlib 使用合适的字体来解决警告
plt.rcParams['font.sans-serif'] = ['SimHei']  # 设置中文字体(使用'SimHei'字体,你可以根据需要更改)
plt.rcParams['font.family'] = 'sans-serif'

# 创建一个斜矩阵,该矩阵描述了斜变换
skew_matrix = np.array([[1, 0.5],  # 在 x 轴上进行 0.5 的剪切
                        [0, 1]])   # 在 y 轴上不进行剪切

# 创建一个二维点表示原始对象的坐标
original_point = np.array([2, 3])  # 原始对象的坐标

# 执行斜变换
transformed_point = np.dot(skew_matrix, original_point)

# 创建图形以可视化斜变换前后的对象
plt.figure(figsize=(8, 6))

# 绘制原始对象
plt.plot(original_point[0], original_point[1], 'ro', label='原始对象')

# 绘制变换后的对象
plt.plot(transformed_point[0], transformed_point[1], 'bo', label='变换后的对象')

# 添加标签和图例
plt.xlabel('X轴')
plt.ylabel('Y轴')
```

```
plt.title('斜变换可视化')
plt.legend()

# 显示图形
plt.grid()
plt.axhline(0, color = 'black', linewidth = 0.5)
plt.axvline(0, color = 'black', linewidth = 0.5)
plt.show()
```

在这个示例中,我们创建了一个斜矩阵 skew_matrix,它描述了一个在 x 轴上进行 0.5 的剪切,但在 y 轴上不进行剪切的斜变换。然后定义了一个二维点 point,它的坐标为(2,3)。通过矩阵乘法,执行斜变换,将原始点坐标变换为斜变换后的坐标。同时进行结果的可视化,如图 4-8 所示。

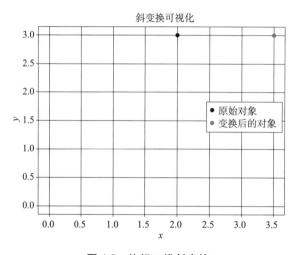

图 4-8 执行二维斜变换

斜变换在计算机图形学、计算机视觉和几何学中具有广泛的应用。它可用于变换图像、矫正透视变换、创建 3D 图形效果等。这种变换允许我们控制和修改物体的位置和形状,以适应不同的需求和应用。

4.6 小波变换

小波变换(wavelet transform)是一种在信号处理、图像处理和数据压缩等领域广泛应用的数学工具。它具有多分辨率分析的能力,能够同时提供时间和频率信息,使其在分析非平稳信号和图像中特别有用。

4.6.1 小波变换概念

小波变换是一种信号处理技术,旨在实现多尺度分析和局部特性的捕捉。

小波变换的历史可以追溯到 20 世纪初,最初在数学和物理领域中出现。然而,小波变换的应用迅速扩展到了工程、信号处理、图像处理和数据分析等领域。其中最著名的是 Ingrid

Daubechies 和 Yves Meyer 等数学家的工作,他们对小波变换进行了深入研究和发展,将其引入了实际应用。

小波变换的基本概念:

(1)多尺度分析:小波变换的核心思想是多尺度分析,即信号或图像可以在不同尺度下进行分析。这允许我们在不同时间或空间尺度上查看数据,以便更好地理解其局部和全局特性。

(2)局部特性:小波变换具有局部特性,可以捕捉信号或图像的局部特征。这与傅里叶变换不同,后者提供全局频率信息。小波变换使我们能够识别信号中的瞬时变化和局部结构。

(3)小波基函数:小波基函数是用于分析信号或图像的基本构建块。它们是一组小波函数,具有不同的尺度和频率特性。通过在不同尺度上对信号进行卷积,可以获得小波变换系数,用于描述信号在不同尺度下的特征。

(4)连续小波变换和离散小波变换:连续小波变换(continuous wavelet transform,CWT)适用于连续信号的分析,而离散小波变换(discrete wavelet transform,DWT)适用于离散或采样信号。DWT 通常用于实际应用中,如信号去噪、图像压缩和特征提取。

小波变换的应用广泛,涵盖了信号处理、图像处理、音频处理、生物医学信号分析、金融时间序列分析等多个领域。小波变换的优势在于它能够提供更精细的信号分析,更好地适应非平稳信号,同时也可实现数据压缩和特征提取。这使得小波变换成为现代数据分析和处理中不可或缺的工具之一。

4.6.2 离散小波变换

离散小波变换是一种将连续信号离散化以进行分析的技术。它通过分层分解信号的不同频率分量和尺度,使得信号可以被表示为一组离散的小波系数。以下是一维和二维 DWT 的应用以及如何编写代码来执行 DWT 的基本步骤:

1. 一维离散小波变换

(1)信号离散化:一维信号首先需要进行离散化,通常通过对连续信号进行采样来获得离散数据点。

(2)小波基函数选择:选择适当的小波基函数,如 Daubechies 小波(通常用于一维信号)。

(3)分解(decomposition):将信号分解为不同尺度的频带,通常包括近似系数(approximation coefficients)和细节系数(detail coefficients)。

(4)滤波和下采样:通过卷积信号与小波基函数,然后下采样来获得近似系数和细节系数。

(5)重复分解:迭代执行分解步骤,将近似系数进一步分解为更低尺度的频带。

一维 DWT 广泛用于信号去噪、特征提取、压缩和数据分析。

2. 二维离散小波变换

(1)图像离散化:对二维图像进行离散化,将其分为矩阵形式。

(2)小波基函数选择:选择适当的小波基函数,如 Daubechies 小波。

(3)分解:将图像分解为不同尺度的频带,通常包括水平、垂直和对角方向的近似系数和细节系数。

(4)滤波和下采样:对图像在各个方向上执行滤波和下采样,以获得近似系数和细节系数。

(5) 重复分解：迭代执行分解步骤，将近似系数进一步分解为更低尺度的频带。

二维 DWT 广泛用于图像压缩、去噪、特征提取和图像处理。以下是一维 DWT 和二维 DWT 的 Python 示例代码，使用 PyWavelets 库执行离散小波变换，并观察结果。

```python
import pywt
import numpy as np

# 一维 DWT 示例
signal = np.array([2, 3, 7, 1, 8, 4, 6, 9])
coeffs = pywt.wavedec(signal, 'db1', level=2)
cA2, cD2, cD1 = coeffs

# 输出近似系数和细节系数
print("一维 DWT 近似系数 (cA2):", cA2)
print("一维 DWT 细节系数 (cD2, cD1):", cD2, cD1)

# 二维 DWT 示例
image = np.random.rand(4, 4)  # 随机生成一个 4×4 图像
coeffs2 = pywt.wavedec2(image, 'db1', level=1)
cA, (cH, cV, cD) = coeffs2

# 输出近似系数和细节系数
print("二维 DWT 近似系数 (cA):", cA)
print("二维 DWT 水平细节系数 (cH):", cH)
print("二维 DWT 垂直细节系数 (cV):", cV)
print("二维 DWT 对角细节系数 (cD):", cD)
```

这段代码演示了如何使用 PyWavelets 库来执行一维和二维 DWT，并获得近似系数和细节系数。我们可以观察 DWT 的结果，了解如何分解信号或图像的频带，其输出结果如图 4-9 所示。

```
一维DWT 近似系数(cA2): [ 6.5 13.5]
一维DWT 细节系数(cD2, cD1): [-1.5 -1.5] [-0.70710678    4.24264069
  2.82842712 -2.12132034]
二维DWT 近似系数(cA): [[1.43656494 0.87239454]
 [0.98892078 0.8473918 ]]
二维DWT 水平细节系数(cH): [[0.02978602 0.18695305]
 [0.25176832 0.26765115]]
二维DWT 垂直细节系数(cV): [[-0.35790821 -0.01195151]
 [-0.11803549 -0.22898639]]
二维DWT 对角细节系数(cD): [[ 0.08421246 -0.64222456]
 [ 0.3584682  -0.61593316]]
```

图 4-9　输出结果

4.6.3　小波基函数

小波基函数是小波变换的核心组成部分，它们用于分析信号或图像的不同频率成分和尺度。探索不同的小波基函数、理解它们的性质以及在实际应用中如何选择适当的小波基函数是小波变换的重要方面。

1. 不同的小波基函数

不同的小波基函数具有不同的性质和应用。以下是一些常见的小波基函数：

（1）Haar 小波：Haar 小波是最简单的小波基函数之一，具有快速计算和不错的局部特性。它在信号边缘检测和压缩等任务中常被使用。

（2）Daubechies 小波：Daubechies 小波家族包括多个小波基函数，如 db2、db4、db6 等，它们在信号去噪、图像压缩和特征提取等方面表现出色。

（3）Symlet 小波：Symlet 小波家族与 Daubechies 相似，但更适用于某些特定应用，如信号处理和图像分析。

（4）Biorthogonal 小波：Biorthogonal 小波家族包括不同的正交和反正交小波，可用于一些特殊应用，如无损图像压缩。

（5）Coiflet 小波：Coiflet 小波家族适用于信号去噪和平滑。

2. 小波基函数的性质和用途

每种小波基函数都有其独特的性质，包括尺度、频率响应和正交性。理解这些性质对于正确选择小波基函数至关重要。

（1）尺度：小波基函数具有不同的尺度，可以用于捕捉不同频率的信号成分。一些小波基函数更适合处理高频细节，而其他则更适合处理低频近似。

（2）频率响应：不同小波基函数对频率的响应不同。一些小波基函数在某些频率范围内具有较好的频率分辨率，而其他则在其他频率范围内更出色。

（3）正交性：一些小波基函数是正交的，这意味着它们可以完全表示信号或图像，而其他小波基函数可能不是正交的。

3. 代码示范及实际选择小波基函数

以下是一个示例代码，演示如何使用 Python 的 PyWavelets 库来生成小波基函数的图像和频域表示。

```python
import pywt
import numpy as np
import matplotlib.pyplot as plt

# 选择一个小波基函数名称（可以替换为其他小波基函数）
wavelet_name = 'haar'

# 生成小波基函数
wavelet = pywt.Wavelet(wavelet_name)

# 生成小波基函数的图像
x = np.linspace(0, 1, 1000)
psi, phi, x = wavelet.wavefun(level=5)

# 绘制小波基函数的图像
plt.figure(figsize=(10, 5))
plt.subplot(121)
plt.plot(x, psi)
plt.title(f'{wavelet_name} Wavelet Function')
plt.xlabel('Time')

# 计算小波基函数的频域表示
```

```
frequencies = np.fft.fftfreq(len(psi))
fft_psi = np.fft.fft(psi)

# 绘制小波基函数的频域表示
plt.subplot(122)
plt.plot(frequencies, np.abs(fft_psi))
plt.title(f'{wavelet_name} Wavelet Function (Frequency Domain)')
plt.xlabel('Frequency')
plt.xlim(0, 0.5)

plt.tight_layout()
plt.show()
```

在这个示例中,我们选择了 haar 小波基函数,但可以替换为其他小波基函数名称,如 db2、db4 等。该代码将生成选定小波基函数的时域图像和频域表示,并使用 Matplotlib 库进行可视化。你可以尝试不同的小波基函数名称,以查看它们的不同性质和形状。图 4-10 所示是代码的结果图。

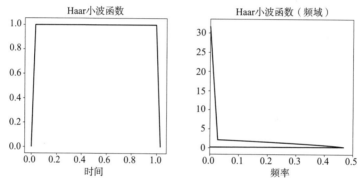

图 4-10 小波基函数的图像和频域表示结果

选择适当的小波基函数通常取决于应用需求和信号的特性。以下是一些建议:对于信号去噪,Daubechies 小波通常是不错的选择,特别是 db4 或 db6。对于图像压缩,一些小波基函数如 Daubechies 或 Haar 可用于提供压缩性能。对于时频分析,CWT 通常使用 Morlet 小波;对于特定应用,可能需要测试不同的小波基函数以找到最适合的。总之,选择适当的小波基函数需要考虑信号特性、应用需求和性能优化。通常,通过尝试不同的小波基函数并根据应用的效果来选择最佳的基函数。

4.6.4 连续小波变换

连续小波变换是一种用于连续信号分析的技术。与 DWT 不同,CWT 是一种连续域变换,它在不同尺度和频率下对信号进行分析。以下是关于 CWT 的介绍、尺度和频率分析,以及实际应用的信息。

1. CWT、尺度和频率

CWT 是一种在时域和频域同时分析信号的方法。它基于小波基函数的不同尺度(缩放)和频率(频率带宽)来捕捉信号的特征。CWT 的核心思想是将小波基函数滑动(缩放和平移)到信号上,然后计算内积以获取在不同尺度和频率下的信号分量。

尺度(scale):CWT使用不同尺度的小波基函数来分析信号,这些尺度通常用小波函数的缩放参数来表示。较小的尺度能够捕捉高频细节,而较大的尺度更适合捕捉低频细节。

频率(frequency):CWT可以通过不同频率的小波基函数来分析信号的频率成分。小波基函数的频率与尺度成反比。高频信号对应较小的尺度和较高的频率,低频信号对应较大的尺度和较低的频率。

2. 应用示例及时频分析选择

以下是一个使用Python的PyWavelets库执行连续小波变换的示例代码。

```python
import numpy as np
import matplotlib.pyplot as plt
import pywt

#创建一个示例信号(可以替换为你的信号数据)
t = np.linspace(0, 1, 1000)
signal = np.sin(2 * np.pi * 50 * t) + np.sin(2 * np.pi * 100 * t)

#选择CWT所需的小波基函数
wavelet = 'morl'

#执行CWT
coeffs, freqs = pywt.cwt(signal, scales=np.arange(1, 128), wavelet=wavelet)

#绘制时频分析结果
plt.figure(figsize=(12, 6))
plt.subplot(2, 1, 1)
plt.plot(t, signal)
plt.title('Original Signal')
plt.xlabel('Time')

plt.subplot(2, 1, 2)
plt.contourf(t, freqs, np.abs(coeffs), levels=100, cmap='viridis')
plt.colorbar(label='CWT Amplitude')
plt.title('Continuous Wavelet Transform Result')
plt.xlabel('Time')
plt.ylabel('Scale/Frequency')

plt.tight_layout()
plt.show()
```

这段代码展示了如何使用Python中的PyWavelets库执行连续小波变换以进行时频分析。

首先创建一个示例信号,这个示例信号是一个包含两个不同频率的正弦波的叠加。接着选择一个特定的小波基函数,这里使用的是Morlet小波基函数,也可以根据需要选择其他小波基函数,例如Daubechies或Haar。然后,使用pywt.cwt函数执行CWT,传入信号、尺度范围以及所选的小波基函数。

CWT的结果是coeffs(系数)和freqs(频率)两个数组。系数包含了CWT的幅度信息,频率包含了与每个尺度对应的频率信息。

最后,使用 Matplotlib 库创建了两个子图。第一个子图显示了原始信号,第二个子图以等高线图的形式显示了 CWT 的结果。这个等高线图表示了信号在不同时间和频率尺度下的变化,可用于分析信号的时频特性,如图 4-11 所示。

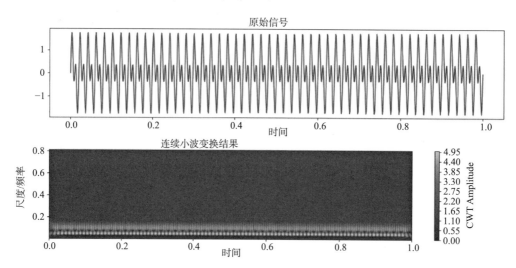

图 4-11　第一个子图显示了原始信号,第二个子图以等高线图的形式显示了 CWT 的结果

这段代码可用作入门示例,帮助理解如何使用 CWT 进行时频分析,并可以根据实际需求来替换示例信号和小波基函数。

CWT 在时频分析方面具有广泛的应用,包括以下领域:

信号处理:CWT 可用于识别信号中的瞬时事件和频率成分,例如音频信号分析、振动分析和地震学。

图像处理:CWT 可用于纹理分析、图像特征提取和边缘检测。它对于不同尺度下的纹理和结构具有较好的灵敏度。

生物医学:CWT 可以用于生物医学信号分析,如心电图(ECG)和脑电图(EEG)。它有助于检测信号中的特定事件和频率成分。

地震学:CWT 用于分析地震信号,以便检测地震波和地震事件的频率和时域特征。

金融分析:CWT 可用于分析金融时间序列数据,以检测不同时间尺度下的波动和趋势。

实际应用中,选择合适的小波基函数和参数是关键。根据信号的性质和分析目标,可以调整小波基函数的尺度和频率来获得所需的时频分析结果。CWT 提供了一种强大的工具,可以帮助我们理解信号的时域和频域特征,从而更好地应对不同领域的问题。

4.6.5　小波包变换

小波包变换是一种小波变换的扩展,它提供更灵活的信号分析,允许对信号的不同频带进行更细致的分析。与标准小波变换不同,小波包变换允许用户构建小波包树,以便更好地理解信号的频率成分。

在小波包变换中,信号通过一系列不同的小波基函数进行分解,形成一个树状结构,其中每个节点表示一个频带。用户可以根据需要选择不同的分解策略,以在不同频带上进行分析。

这种树状结构使小波包变换更加适用于特征提取和模式识别任务,因为它允许用户根据问题的特定需求来自定义信号分析。以下是一个使用 Python 的 PyWavelets 库执行小波包变换的示例代码。在这个示例中,将生成一个示例信号并对其进行小波包变换,然后可视化结果。

```python
import numpy as np
import matplotlib.pyplot as plt
import pywt

#创建一个示例信号(可以替换为你的信号数据)
t = np.linspace(0, 1, 1000)
signal = np.sin(2 * np.pi * 50 * t) + np.sin(2 * np.pi * 100 * t)

#选择小波包基函数和分解层数
wavelet = 'db4'   # 选择小波包基函数
level = 5   # 分解层数

#执行小波包变换
coeffs = pywt.wavedec(signal, wavelet, level=level)

#可视化小波包系数
plt.figure(figsize=(12, 6))
for i in range(len(coeffs)):
    plt.subplot(level+2, 1, i+1)
    plt.plot(coeffs[i])
    plt.title(f'Detail {i}' if i > 0 else 'Approximation')
    plt.xlabel('Sample')

plt.tight_layout()
plt.show()
```

此代码首先创建一个示例信号,然后选择小波包基函数(在此示例中使用 Daubechies 4 小波)和分解层数。接下来,它执行小波包变换并可视化每个分解层的小波包系数。可以根据自己的需求更改示例信号、小波包基函数和分解层数,以适应应用,其结果如图 4-12 所示。

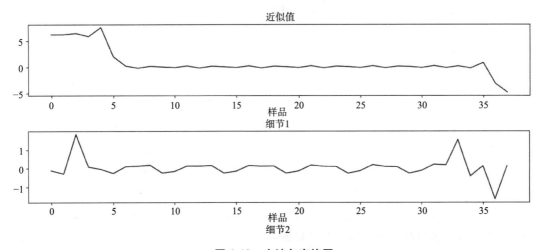

图 4-12 小波包变换图

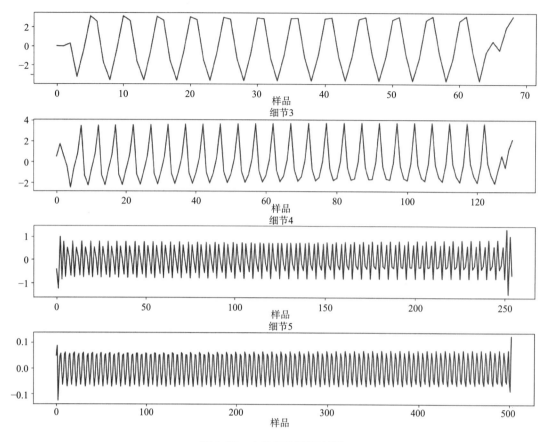

图 4-12 小波包变换图（续）

小波包变换可以用于提取信号的特征，检测信号中的模式、降噪，以及分析复杂信号的频率成分。小波包变换的灵活性和可定制性使其成为一种强大的工具，适用于各种信号分析任务。

小　　结

本章阐释了信号处理和分析中常见的变换方法：

傅里叶变换是将信号从时域转换为频域的方法，它将信号分解为不同频率的正弦和余弦成分。可用于频谱分析，以查找信号的频率成分，例如在音频处理和通信中广泛应用。

离散余弦变换是一种将信号从时域转换为频域的技术，通常用于图像和音频压缩。同时DCT 在 JPEG 图像压缩中有广泛应用，它将信号分解为不同频率的余弦波。

沃尔什变换是一种将信号从时域转换为频域的技术，通常用于数字信号处理和通信。它是一种正交变换，通常用于数据压缩和编码。

哈尔函数是一组基本的小波基函数，通常用于小波变换。哈尔变换是小波变换的一种特殊形式，它用哈尔基函数分析信号的不同频率成分。

斜矩阵是一种特殊的正交矩阵，用于将信号从时域转换为频域。同时斜变换在通信领域和数字信号处理中有广泛应用。

小波变换是一种信号分析方法,结合了时域和频域信息。它将信号分解为不同尺度和频率的小波基函数,适用于信号去噪、特征提取和图像压缩等应用。

这些变换方法帮助我们在不同领域和应用中具有重要作用,可以理解和处理各种信号类型,从而应对各种实际问题。根据具体需求,可以选择适当的变换方法来分析和处理信号数据。

思考与练习

一、选择题

1. 傅里叶变换用于分析(　　)。
   A. 信号的时域表示和频域表示　　B. 信号的空间表示和频率表示
   C. 信号的时间表示和相位表示
2. 离散余弦变换通常用于(　　)类型的数据压缩。
   A. 图像压缩　　　B. 音频合成　　　C. 文本分析
3. 沃尔什变换属于(　　)类型的变换。
   A. 傅里叶变换　　B. 离散余弦变换　　C. 小波变换
4. (　　)是小波变换的一种特殊形式,通常用于分析信号的边缘特征。
   A. 傅里叶变换　　B. 沃尔什变换　　C. 哈尔变换
5. 斜矩阵在(　　)领域中常用于信号处理。
   A. 图像处理　　　B. 音频处理　　　C. 文本分析
6. 小波变换的主要优势是(　　)。
   A. 仅包含频域信息　　　　　　B. 同时包含时域和频域信息
   C. 仅包含空间信息

二、填空题

1. 傅里叶变换将信号从_____到_____的表示。
2. 离散余弦变换通常用于图像_____和_____。
3. 小波变换是一种分析信号的工具,它同时包含_____和_____信息。
4. 哈尔函数是小波变换中的一种基本小波,通常用于分析信号的_____。
5. 斜变换常常用于_____,特别是在图像的_____方面。
6. 小波包变换提供更多的灵活性,允许信号分解成不同频带,这些频带可以通过构建小波包_____来表示。

三、判断题

1. 傅里叶变换和小波变换都可以用于时频分析。　　　　　　　　　　　　(　　)
2. 离散余弦变换在JPEG图像压缩中使用,而小波变换通常用于无损图像压缩。(　　)
3. 哈尔小波是一种基本小波函数,通常用于分析信号的平稳区域。　　　　(　　)
4. 斜变换是一种基于傅里叶变换的信号分析方法。　　　　　　　　　　　(　　)

5. 小波包变换是小波变换的一种扩展,它允许信号分解成不同尺度和频带,提供更大的灵活性。( )

四、简答题

1. 什么是傅里叶变换?
2. 傅里叶变换有哪些应用?
3. 什么是小波变换?
4. 小波变换有哪些应用?
5. 什么是小波包变换?
6. 沃尔什变换在哪些领域中应用广泛?

五、论述题

1. 傅里叶变换和小波变换之间的主要区别是什么?
2. 小波包变换与小波变换相比有何优势?
3. 沃尔什变换与傅里叶变换之间的联系是什么?
4. 哈尔函数是什么,以及它在哈尔变换中的作用是什么?
5. 斜变换是如何实现信号压缩的?

实　　训

1. 傅里叶变换操作题:给定一个包含多个频率分量的信号,执行傅里叶变换,找到其频谱成分;从信号的频谱图中识别主要频率成分;了解如何通过傅里叶逆变换将信号从频域还原到时域。

代码如下:

```
import numpy as np
import matplotlib.pyplot as plt

# Create an example signal
t = np.linspace(0, 1, 1000)
signal = np.sin(2 * np.pi * 50 * t) + 0.5 * np.sin(2 * np.pi * 120 * t)

# Perform Fourier transform
fft_result = np.fft.fft(signal)
frequencies = np.fft.fftfreq(len(t), t[1] - t[0])

# Plot the frequency spectrum
plt.figure(figsize = (8, 6))
plt.plot(frequencies, np.abs(fft_result))
plt.title('Fourier Transform Spectrum')
plt.xlabel('Frequency (Hz)')
plt.ylabel('Amplitude')
plt.grid()
plt.show()
```

2. 小波变换操作题：使用小波变换将一个信号分解成不同尺度的子信号；运用小波变换进行信号去噪，并比较去噪前后的效果；使用不同小波基函数进行信号分析，比较它们的性能。

代码如下：

```python
import numpy as np
import matplotlib.pyplot as plt
import pywt

# Create an example signal
t = np.linspace(0, 1, 1000)
signal = np.sin(2 * np.pi * 50 * t) + 0.5 * np.sin(2 * np.pi * 120 * t)

# Choose a wavelet
wavelet = 'morl'

# Perform wavelet transformation
coeffs, _ = pywt.cwt(signal, np.arange(1, 128), wavelet)

# Plot the wavelet transformation result
plt.figure(figsize = (8, 6))
plt.imshow(coeffs, extent = [0, 1, 1, 128], cmap = 'coolwarm', aspect = 'auto')
plt.title('Wavelet Transformation Result')
plt.xlabel('Time')
plt.ylabel('Scale')
plt.colorbar(label = 'CWT Amplitude')
plt.show()
```

3. 小波包变换操作题：构建小波包树以对一个信号进行详细的分析；比较小波包变换和普通小波变换在不同频带分析中的优点；从小波包树中提取具有特定特征的子频带。

代码如下：

```python
import pywt
import numpy as np
import matplotlib.pyplot as plt

# Generate an example signal
t = np.linspace(0, 1, 1000)
signal = np.sin(2 * np.pi * 50 * t) + 0.5 * np.sin(2 * np.pi * 120 * t)

# Performwavelet packet decomposition
wavelet = 'db1'
wp = pywt.WaveletPacket(data = signal, wavelet = wavelet, mode = 'symmetric')

# Extract a specific sub-band from the wavelet packet tree
node_name = 'a' * 3  # This is an example; you can choose a different sub-band based on the tree structure
sub_band = wp[node_name].data

# Plot the original signal and the extracted sub-band
```

```
plt.figure(figsize = (8, 6))
plt.subplot(2, 1, 1)
plt.plot(t, signal)
plt.title('Original Signal')

plt.subplot(2, 1, 2)
plt.plot(sub_band)
plt.title('Extracted Sub-Band')

plt.tight_layout()
plt.show()
```

4. 综合实训:图像压缩和特征提取。

【实训描述】

使用一个示例图像,首先对其应用傅里叶变换、DCT、哈尔变换和小波变换,然后进行图像压缩和特征提取。

【实训目标】

在实际应用中,图像压缩和特征提取是图像处理和计算机视觉中的常见任务。通过学习如何使用不同的正交变换方法来处理图像,进行压缩和特征提取,比较这些方法在频域表示和特征提取方面的性能,从而更好地理解正交变换在图像处理中的作用,以及如何将其应用于实际问题。

【实训步骤】

(1) 导入必要的库:在 Python 中,首先导入 NumPy、OpenCV(用于图像处理)、Matplotlib(用于图像显示)和 PyWavelets(用于小波变换)等库。

(2) 读取图像:从本地文件中读取一张彩色图像,例如 input_image.jpg。

(3) 图像预处理:对图像进行预处理,包括将其转换为灰度图像。

(4) 傅里叶变换:应用二维傅里叶变换以将图像转换为频域。

(5) 离散余弦变换:使用 DCT 将图像转换为频域。

(6) 哈尔变换:应用哈尔变换以获得图像的特定特征。

(7) 小波变换:对图像应用小波变换以获取不同尺度的信息。

(8) 图像压缩:使用不同的变换方法,将频域信息压缩到一定程度,例如保留前 50% 的系数。

(9) 特征提取:从变换后的图像中提取特征,例如能量、均方根误差等。

(10) 显示结果:将原始图像、不同变换的频域表示、压缩后的图像以及提取的特征进行比较和展示。

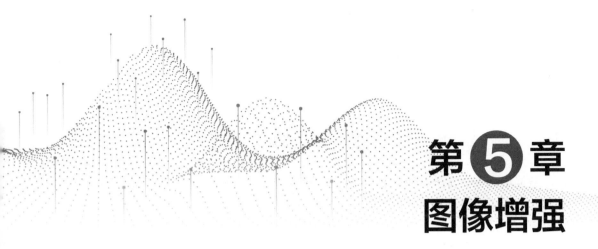

第 5 章 图像增强

学习目标

1. 深入理解直方图的概念,并掌握如何使用直方图均衡化技术来提高图像的对比度,这有助于在整个亮度范围内使图片更加均匀,并增强细节。
2. 学习直方图匹配技术,以调整图像直方图满足特定形状以改善视觉效果。
3. 探索图像平滑化处理的各种技术,包括线性滤波和非线性滤波方法,来去除噪声并抑制细节。图像尖锐化处理需要学习使用拉普拉斯算子等技术来增强图像边缘和细节,提升图像清晰度。
4. 学习同态滤波的原理和应用,通过融合频域与空域处理来加强图像对比度和亮度细节,尤其在不同光照条件下的图像增强。
5. 深入探究彩色图像处理领域,全面学习颜色空间相关概念以及各类彩色图像增强技术,涵盖颜色平衡与调整等方面,并掌握如何有效综合运用这些手段,实现彩色图像的全方位增强,以契合多样化的视觉效果需求与分析要求。
6. 具备使用多种图像增强手段,对图像质量进行评估和改善的能力。

知识导图

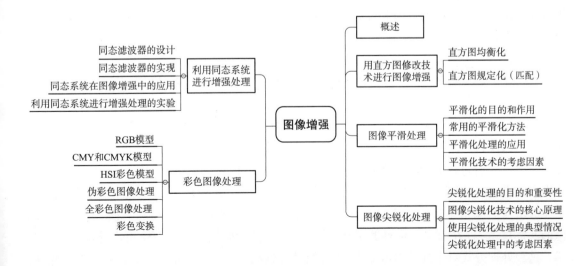

图像增强(image enhancement)是指通过一系列的处理技术改善图像的质量,以便于人眼观察或者为后续图像处理任务(如图像分析、模式识别)提供更好的结果。图像增强的目的在于使得图像中的特征更加明显,提高其可视性或者更适应于特定的应用需求。

5.1 概　　述

数据增强在机器学习和深度学习领域扮演着至关重要的角色,特别是在图像处理和计算机视觉任务中。通过利用各种数据增强技术,可以有效提高模型的性能、泛化能力和鲁棒性,从而更好地适应各种实际应用场景。

在图像处理方面,直方图修改技术是一种常用的数据增强方法之一。其中,直方图均衡化和直方图匹配等技术被广泛用来提高图像的对比度和亮度分布,使图像更加清晰和易于识别。通过直方图均衡化,可以有效地增强图像中的细节和特征,改善图像的质量和视觉效果。直方图匹配则可以通过调整像素灰度级分布,进一步提升图像的质量和清晰度。此外,图像平滑化处理也是一项重要的数据增强技术,通过应用线性和非线性滤波器来减少图像中的噪点和干扰,从而提高图像的质量和准确性。图像平滑化可以有效地去除图像中的噪声,使图像更加平滑和清晰,有助于提升模型的性能和鲁棒性。另一方面,图像尖锐化处理则致力于强化图像中的边缘和纹理细节,使图像更加生动和具有立体感。通过增强图像的边缘和纹理,可以更好地捕捉图像中的细节信息,并提高模型对图像特征的提取能力。这有助于增强模型在处理复杂场景和细节特征时的表现。对于光照不一致性的处理,同态系统是一种有效的工具,可以在光照条件变化的情况下,保持图像的色彩和对比度稳定。通过同态系统的应用,可以有效地处理图像中的光照不均和阴影问题,提高图像的质量和一致性,并增强模型对图像的理解能力。此外,彩色图像处理也是数据增强中的重要环节,包括色彩均衡和饱和度调整等技术。通过优化图像的色彩分布和饱和度,可以改善图像的视觉效果,使图像更加生动、饱满和具有吸引力。这有助于增强模型对色彩信息的感知能力,提高图像分类和识别的准确性。

综合而言,数据增强技术的集合为模型提供了处理各种视觉信息的能力,有效提高了模型的泛化能力、鲁棒性和适应性。通过在训练阶段对数据进行增强处理,可以减少过拟合风险,提升模型在实际应用中的性能和效果。因此,数据增强在推动机器学习和深度学习技术的发展方面具有重要意义,对于提升图像处理和计算机视觉任务的效果至关重要。

5.2 用直方图修改技术进行图像增强

直方图均衡化是一种经典且有效的图像处理技术,广泛应用于数字图像处理领域。通过对图像中的像素灰度值进行变换,直方图均衡化能够调整图像的对比度和亮度分布,从而使图像呈现出更加均匀和平衡的灰度分布。这种方法不仅可以提高图像的视觉质量,使细节更加清晰和突出,还可以增强图像的整体观感和易识别性。在实际应用中,直方图均衡化的优势在于能够增强图像的细节和纹理,改善图像的视觉效果,使图像更具艺术感和美感。通过调整图像的灰度层次,直方图均衡化有助于凸显图像中的各种细微差异,使图像更富有深度和立体感。这种处理方式对于提升图像品质、改善图像观感和增强图像表现力具有重要意义。此外,直方图均衡化还可以在图像识别、目标检测和图像分割等计算机视觉任务中发挥重要作用。通过增强图像的对比度和细节,直方图均衡化可以帮助算法更好地识别和区分图像中的目标物体,提高计算机视觉系统的性能和准确性。在实时图像处理和图像分析中,直方图均衡化也可用于改善图像质量、优化图像显示效果以及增强图像的可视化效果。总的来说,直方图均衡化作为一种简单而有效的图像增强方法,具有广泛的应用前景和重要意义。通过调整图像的灰度分布,直方图均衡化可以使图像更加清晰、鲜明和具有艺术感,从而提升图像的品质和视觉效果,满足不同领域对图像处理的需求,促进数字图像处理技术的发展和应用。

5.2.1 直方图均衡化

直方图均衡化的目的是通过重新分配像素的亮度级别,使得直方图变得相对均匀,从而在整个亮度范围内增强图像的对比度。这种方法是自适应的,可以根据图像的具体内容自动调整亮度分布。

算法步骤如下:

(1)计算直方图:首先生成整个图像的亮度直方图。
(2)计算累积直方图:根据直方图计算每个亮度级别以下所有像素数量的累积和。
(3)归一化累积直方图:将累积直方图的值归一化到给定的亮度范围内。
(4)映射到新亮度:用归一化后的累积直方图值替换原图像的亮度级别。
(5)生成新图像:新的亮度值用于创建具有增强对比度的图像。

其优点是自动且具有普遍适用性,通常能够在保持原始图像亮度分布的前提下增加整体对比度,在细节较多或对比度较低的区域表现尤为出色。缺点是在某些情况下可能会过度增强背景噪声或图像中不重要的细节,同一种方法不适用于所有类型的图像。

以下是直方图均衡化的示例代码:

```python
import sys
sys.path.append("D:\\Anaconda\\lib\\site-packages")
from PIL import Image
from pylab import *
import cv2
from matplotlib.font_manager import FontProperties

#添加中文字体支持
font = FontProperties(fname = r"c:\windows\fonts\SimSun.ttc", size =14)

im = array(Image.open(r'2.jpg').convert('L'))    #打开图像,并转成灰度图像
im3 = cv2.equalizeHist(im)
im2 = array(Image.open(r'2.jpg'))

#创建一个新的图形并保存原始图像
plt.figure()
gray()
title(u'原始图像', fontproperties = font)
imshow(im)
plt.axis('off')
```

```python
plt.savefig('original_image.png')
plt.clf()

#创建一个新的图形并保存直方图均衡化后的图像
plt.figure()
title(u'直方图均衡化后的图像', fontproperties = font)
imshow(im2)
plt.axis('off')
plt.savefig('equalized_image.png')
plt.clf()

#创建一个新的图形并保存使用cv2库直方图均衡化后的图像
plt.figure()
title(u'使用cv2库直方图均衡化后的图像', fontproperties = font)
imshow(im3)
plt.axis('off')
plt.savefig('cv2_equalized_image.png')
plt.clf()

#创建一个新的图形并保存原始直方图
plt.figure()
title(u'原始直方图', fontproperties = font)
hist(im.flatten(),128, density = True)
plt.axis('off')
plt.savefig('histogram_orig.png')
plt.clf()

#创建一个新的图形并保存均衡化后的直方图
plt.figure()
title(u'均衡化后的直方图', fontproperties = font)
hist(im2.flatten(),128, density = True)
plt.axis('off')
plt.savefig('histogram_equalized.png')
plt.clf()

#创建一个新的图形并保存使用cv2库均衡化后的直方图
plt.figure()
title(u'使用cv2库均衡化后的直方图', fontproperties = font)
hist(im3.flatten(),128, density = True)
plt.axis('off')
plt.savefig('cv2_histogram_equalized.png')
plt.clf()

#创建一个新的图形并保存原始累计直方图
plt.figure()
title(u'原始累计直方图', fontproperties = font)
hist(im.flatten(),128, cumulative = True, density = True)
plt.axis('off')
plt.savefig('cumulative_histogram_orig.png')
```

```
plt.clf()

#创建一个新的图形并保存均衡化后的累计直方图
plt.figure()
title(u'均衡化后的累计直方图', fontproperties=font)
hist(im2.flatten(),128, cumulative=True, density=True)
plt.axis('off')
plt.savefig('cumulative_histogram_equalized.png')
plt.clf()

#创建一个新的图形并保存使用cv2库均衡化后的累计直方图
plt.figure()
title(u'使用cv2库均衡化后的累计直方图', fontproperties=font)
hist(im3.flatten(),128, cumulative=True, density=True)
plt.axis('off')
plt.savefig('cv2_cumulative_histogram_equalized.png')
plt.clf()
```

图 5-1 和图 5-2 分别是原图与直方图均衡化结果。

图 5-1 原图

图 5-2 直方图均衡化结果

5.2.2 直方图规定化

直方图规定化(又称直方图匹配)的目标是将图像的直方图修改成预定义的形状,通常是为了使图像具有特定的视觉效果或满足某些特定的处理要求。

1. 工作原理

(1)选择或指定目标直方图。

(2)计算原图和目标图像的累积直方图。

(3)创建直方图映射函数。

(4)映射原图像直方图到目标直方图。

(5)应用映射函数到原图像,以生成新的直方图规定化图像。

2. 应用场景

(1)图像风格转换。

(2)标准化不同图像的亮度分布。

(3)适应特定的观察条件和输出设备。

5.3　图像平滑化处理

图像平滑是一种区域增强的算法,平滑算法有邻域平均法、中指滤波、边界保持类滤波等。在图像产生、传输和复制过程中,常常会因为多方面原因而被噪声干扰或出现数据丢失,降低了图像的质量(某一像素,如果它与周围像素点相比有明显的不同,则该点被噪声所感染)。这就需要对图像进行一定的增强处理以减小这些缺陷带来的影响。

5.3.1　平滑化的目的和作用

1. 平滑化的目的

通过去除噪声和细节干扰,使图像更具可用性和可解释性。这样的预处理可以帮助图像在后续的处理步骤中更容易被算法或人类解读和分析。在机器学习和深度学习领域,这种清晰且经过处理的图像可以提高模型的准确性和稳定性,因为模型更专注于重要的特征和模式,而不会被噪声和不必要的细节干扰。

2. 平滑化的作用

减少后续处理步骤对噪声的敏感度是图像预处理的一个重要作用。通过预处理阶段的优化,后续的算法或处理流程能够更有效地处理图像数据,因为它们不再需要花费过多的资源和注意力来处理噪声或不必要的细节。这可以大大提升图像处理的效率,减少处理时间和资源消耗,同时也增加了处理结果的可靠性和一致性。

5.3.2　常用的平滑化方法

图像平滑化技术多种多样,每种方法都有其特点和应用场景。以下是几种常见的平滑化技术:

1. 平均滤波

原理:使用滑动窗口遍历图像,窗口内的每个像素被其邻域像素的平均值所替换。

特点:简单易实现,但可能会导致图像边缘模糊。

2. 高斯滤波

原理：采用高斯核对图像进行卷积，高斯核值由距离中心像素的距离决定，并且符合高斯分布。

特点：平滑效果自然，对边缘的保护相对较好。

3. 中值滤波

原理：使用滑动窗口遍历图像，将窗口内的中值替换窗口中心的像素值。

特点：能够很好地去除椒盐噪声，同时保留边缘结构。

4. 双边滤波

原理：类似于高斯滤波，但它在滤波时同时考虑像素值差异和空间相近性，这样可以更好地保护边缘。

特点：在平滑噪声的同时更好地保留边缘细节，但计算代价相对更高。

5.3.3 平滑化处理的应用

平滑化处理在很多图像处理任务中都有应用，如预处理，在特征提取、边缘检测之前，减少噪声干扰；美化，在图像编辑和增强中，使得皮肤纹理、风景照片等更加柔和；去噪，可避免噪声被当作图像内容。在医疗图像中，能确保分析准确；于艺术制作里，可营造如模糊背景等效果其是在医疗图像处理中至关重要视觉效果。接着对加入噪声的图像进行平滑化处理，以下是中值滤波实验代码：

```python
#encoding:utf-8
import cv2
import numpy as np
import matplotlib.pyplot as plt

#读取图片
img = cv2.imread('zxp_noise.jpg')

#中值滤波
result = cv2.medianBlur(img,7)          #可以更改核的大小

#显示图像
cv2.imshow("source img", img)
cv2.imshow("medianBlur", result)

#等待显示
cv2.waitKey(0)
cv2.destroyAllWindows()

#保存处理后的图片
cv2.imwrite("zxp_noise_medianBlur.jpg", result)
```

为了实验方便，首先给原图像（见图5-3）基础上加一点噪声（见图5-4），平滑化以后结果如图5-5所示，噪声明显减少。

图 5-3　原图

图 5-4　加入噪声结果图

图 5-5　平滑化结果图

5.3.4　平滑化技术的考虑因素

平滑化技术的考虑因素有以下三方面：

1. 窗口大小

选择适当的窗口大小对于平滑效果至关重要。较大的窗口可以更好地捕捉图像中的结构信息，但可能会导致过度平滑，从而丢失细节。相反，较小的窗口可以保留更多的细节，但可能无法有效去除大尺度的噪声。因此，在选择窗口大小时，需要根据图像的特性和应用需求进行权衡。有时候，可以采用自适应的窗口大小策略，以根据图像内容和噪声水平动态调整窗口大小，从而在平滑效果和细节保留之间取得平衡。

2. 边界处理

在滤波器应用到图像边界时，需要特别注意边界处理，以避免引入伪影或不连续性。常见的边界处理方法包括零填充、镜像填充、边界扩展和周期性边界处理等。选择合适的边界处理方法取决于图像的特性和所使用的滤波器类型。一般来说，应该选择能够尽可能保留边界信息的方法，并且在边界处产生的任何伪影应该被最小化或消除。

3. 速度与性能

在实际应用中，需要在平滑效果和计算资源之间找到平衡点。一些高效的滤波器算法可以提供较好的平滑效果同时又具有较低的计算复杂度，从而在保持性能的同时实现了噪声的有效去除。此外，还可以考虑并行化、硬件加速或者优化算法以提高处理速度。在选择滤波器和调整参数时，需要综合考虑图像质量要求、处理速度以及可用的计算资源，以达到最佳的平衡。

5.4　图像尖锐化处理

图像尖锐化处理是一个增强图像局部对比度的过程，通过突出显示图像的边缘和纹理细节来使图像看起来更加清晰。它主要是针对图像中的高频成分进行增强，因为边缘和细节通常与高频信息有关。

5.4.1　尖锐化处理的目的和重要性

目的：增强图像中的细节，使模糊的图像变得清晰。提高图像的视觉质量，使特征更加明显。

重要性:对于模糊图像,尖锐化处理是重要的预处理步骤。在医学图像、遥感图像和其他科学图像的分析中尤其重要,因为这些领域的图像质量直接关系到分析结果的准确性。

5.4.2 图像尖锐化技术的核心原理

尖锐化处理基于拉普拉斯算子、高通滤波等方法对图像边缘进行增强。以下是几种尖锐化技术:

1. 拉普拉斯滤波器

原理:拉普拉斯算子用于测量图像强度的二阶导数,它可以突出显示区域的突变,即边缘。

应用:将拉普拉斯算子与原图进行加权和,以增强边缘。

2. 高通滤波器

原理:高通滤波允许高频信号通过而衰减低频信号,对图像进行尖锐化。

实现:常用方法包括对图像进行快速傅里叶变换,然后去除低频成分,并执行逆变换。

3. 锐化掩模

原理:通过边缘检测算子,如索贝尔、Prewitt、Roberts算子,获取边缘信息后,与原图叠加的过程是图像处理中常用的一种技术,用于突出图像中的边缘特征。

索贝尔算子:一种常用的边缘检测算子,通过一系列的卷积操作来检测图像中的边缘。它利用了图像中像素间的梯度变化来识别边缘,具有简单、快速的特点,常用于实时应用和嵌入式系统中。

Prewitt算子:类似于索贝尔算子,也是一种常用的边缘检测算子。它与索贝尔算子类似,都是通过卷积操作来识别图像中的边缘,但是在卷积核的设计上略有不同,可以更好地捕捉不同方向上的边缘信息。

Roberts算子:另一种常见的边缘检测算子,与索贝尔和Prewitt算子相比,Roberts算子更加简单,只使用了两个3×3的卷积核。尽管相对简单,但在一些特定场景下,Roberts算子仍然可以提供良好的边缘检测效果。

将这些边缘检测算子应用于图像后,可以获得图像中的边缘信息。将边缘信息与原图像叠加,可以使得图像中的边缘特征更加突出,有助于进一步的图像分析和处理。这种叠加操作通常通过将边缘信息图像与原始图像进行加权叠加或者简单相加的方式实现,以便于观察和分析图像中的边缘信息。注意:尖锐化掩模的核心是增强边缘所对应的高频信息,所以需要细致调整来避免过度尖锐化。

5.4.3 使用尖锐化处理的典型情况

尖锐化处理普遍于计算机视觉、数字摄影和视频处理等。

(1)摄影后期处理:提升图片的视觉印象。

(2)扫描或数码拍摄的文稿处理:使文本更易于阅读。

(3)医学影像处理:突出生物组织的边缘,帮助医生进行诊断。

(4)工业检测:提高产品的表面缺陷可视化,便于识别和分类。

5.4.4 尖锐化处理中的考虑因素

尖锐化处理需要考虑尖锐化程度、噪声、图像内容等因素。

(1)尖锐化的程度:过度尖锐化会导致图像细节失真,包括噪点的放大和边缘的过度增强。

(2)噪声:在尖锐化之前,应注意图像中的噪声级别,噪声过高可能需先进行降噪。

(3)图像内容:尖锐化的参数可能需要根据图像的用途和内容进行调整。

图像尖锐化代码如下:

```python
import cv2
import numpy as np

#读取图像
img = cv2.imread('img.png')

#转换为灰度图像
gray = cv2.cvtColor(img, cv2.COLOR_BGR2GRAY)

#创建拉普拉斯算子
laplacian_kernel = np.array([
            [0, -1, 0],
            [-1, 4, -1],
            [0, -1, 0]
])

#应用拉普拉斯算子进行边缘检测
laplacian = cv2.filter2D(gray, cv2.CV_64F, laplacian_kernel)

#将拉普拉斯边缘检测结果加到原图上以得到锐化效果
#注意确保原图像和拉普拉斯都是相同的数据类型
sharp = cv2.addWeighted(gray.astype(np.float64), 1.5, laplacian, -0.5, 0)

#重新进行数据范围截断,确保在 0 - 255 之间
sharpened_img = np.clip(sharp, 0, 255).astype(np.uint8)

#保存处理后的图片
cv2.imwrite('sharpened.jpg', sharpened_img)

#显示原图和锐化后的图像
cv2.imshow('Original Image', img)
cv2.imshow('Sharpened Image', sharpened_img)

#等待显示
cv2.waitKey(0)
cv2.destroyAllWindows()
```

图5-6和图5-7分别是原图与尖锐化后结果图。

图 5-6　原图　　　　　　　　　　　　图 5-7　尖锐化后结果图

5.5　利用同态系统进行增强处理

同态系统是一种图像处理方法,它通过在频域中对图像的某些特定成分进行强调或抑制,实现对图像的对比度、亮度、细节等方面的增强。同态系统通常包括同态滤波器和逆同态滤波器两部分,它们分别用于图像的预处理和后处理。

5.5.1　同态滤波器的设计

设计同态滤波器时,需要考虑到图像的频域特性,如图像的频谱分布、噪声的频谱分布等。一般来说,同态滤波器的设计应遵循以下原则:

(1)强调图像中的低频成分,以增强图像的对比度。

(2)抑制图像中的高频噪声,以提高图像的清晰度。

(3)保持图像的边缘和细节信息,避免图像失真。

同态滤波器的设计可以通过调整滤波器的传递函数来实现。传递函数通常是一个复数函数,它决定了滤波器在频域中对不同频率成分的响应。

5.5.2　同态滤波器的实现

实现同态滤波器通常需要分为以下步骤:

(1)对图像进行傅里叶变换,将图像从空间域转换到频域。

(2)设计同态滤波器的传递函数,并计算其在频域中的响应。

(3)将同态滤波器的响应与图像的频谱相乘,得到增强后的频谱。

(4)对增强后的频谱进行逆傅里叶变换,将图像从频域转换回空间域。

(5)对逆变换后的图像进行必要的后处理,如取实部、归一化等。

5.5.3 同态系统在图像增强中的应用

同态系统在图像增强中有着广泛的应用。它可以用于改善图像的对比度、亮度、细节等方面,特别是在处理照明不均、对比度变化等问题时效果尤为显著。

此外,同态系统还可以与其他图像增强方法相结合,如直方图均衡化、对比度受限的自适应直方图均衡化等,以进一步提高图像的质量。

5.5.4 利用同态系统进行增强处理的实验

为了验证同态系统在图像增强中的效果,可以进行以下实验:准备一组具有不同照明和对比度条件的图像;对这些图像分别应用同态滤波器和其他增强方法;比较各种方法处理后的图像质量,包括对比度、亮度、细节等方面;分析实验结果,总结同态系统在图像增强中的优势和局限性。以下是实验代码:

```python
import os
import numpy as np
import cv2
import matplotlib.pyplot as plt
plt.rcParams['font.sans-serif'] = ['SimHei']
plt.rcParams['axes.unicode_minus'] = False


#同态滤波器
def homomorphic_filter(src, d0=10, r1=0.5, rh=2, c=4, h=2.0, l=0.5):
    gray = src.copy()
    if len(src.shape) > 2:
        gray = cv2.cvtColor(src, cv2.COLOR_BGR2GRAY)
    gray = np.float64(gray)
    rows, cols = gray.shape

    gray_fft = np.fft.fft2(gray)
    gray_fftshift = np.fft.fftshift(gray_fft)
    dst_fftshift = np.zeros_like(gray_fftshift)
    M, N = np.meshgrid(np.arange(-cols //2, cols // 2), np.arange(-rows // 2, rows // 2))
    D = np.sqrt(M ** 2 + N ** 2)
    Z = (rh - r1) * (1 - np.exp(-c * (D ** 2 / d0 ** 2))) + r1
    dst_fftshift = Z * gray_fftshift
    dst_fftshift = (h - l) * dst_fftshift + l
    dst_ifftshift = np.fft.ifftshift(dst_fftshift)
    dst_ifft = np.fft.ifft2(dst_ifftshift)
    dst = np.real(dst_ifft)
    dst = np.uint8(np.clip(dst, 0, 255))
    return dst

def put(path):
    image = cv2.imread(path, 1)
```

```
# image = cv2.imread(os.path.join(base, path), 1)
image = cv2.cvtColor(image, cv2.COLOR_BGR2GRAY)
# 同态滤波器
h_image = homomorphic_filter(image, d0 =10, r1 =0.5, rh =2, c =4, h =2.0, l =0.5)
    plt.subplot(121)
    plt.axis('off')
    plt.title('原始图像')
    plt.imshow(image,cmap = 'gray')

    plt.subplot(122)
    plt.axis('off')
    plt.title('同态滤波器图像')
    plt.imshow(h_image,'gray')

    cv2.imwrite('tongtai_processed.jpg', h_image)
    plt.show()

#图像处理函数,要传入路径
put(r'img.png')
```

这段代码实现了基于同态滤波器的图像增强,通过对输入的图像应用同态滤波算法来提高图像质量。具体的同态滤波过程如下:

(1)读取输入的图像,并将其转换为灰度图像(如果原图是彩色图像)。

(2)对灰度图像进行同态滤波处理,其中同态滤波器的参数包括:

d0:控制低频滤波的截止频率,影响图像的整体亮度调整。

r1:控制原始图像的增益,可视为低频滤波器的增益。

rh:控制高频滤波器的增益。

c:控制滤波器的斜率。

h 和 l:控制对滤波后结果的缩放和偏移。

(3)对滤波后的结果进行逆变换,将其限定在 0~255,并转换为.uint8 类型。

(4)在 Matplotlib 中展示原始图像(见图 5-8)和经过同态滤波处理后的图像(见图 5-9)。

图 5-8　原图

图 5-9　同态系统进行增强结果图

通过调整同态滤波器的参数,可以实现对不同频率成分的增强或抑制,从而提高图像的质量。在这个过程中,同态滤波器可以帮助调整图像的亮度、对比度和细节,以获得更好的视觉效果。

5.6 彩色图像处理

彩色图像处理主要分为两个领域:全彩色处理和伪彩色处理。全彩色处理通常需要利用全彩色传感器来获取图像,比如彩色电视摄像机或彩色扫描仪。这种处理方法保持了图像的原始彩色信息,使图像能够准确地呈现场景中各种颜色的细微差别和丰富细节。相比之下,伪彩色处理是将单色灰度图像或灰度范围映射到特定的颜色上。这种处理方式通常用于突出图像中的特定特征或信息,使其更容易识别和理解。全彩色处理提供真实、准确的彩色信息,适用于需要保持原始色彩的场景和应用;而伪彩色处理则通过赋予特定颜色来突出图像的某些方面,提高了可视化效果和信息传达的效率。通过综合应用全彩色和伪彩色处理技术,可以在图像处理领域实现更广泛的应用,满足不同场景下的需求和目标。这种灵活的处理方式使彩色图像处理变得更加多样化和创新化。

5.6.1 RGB 模型

RGB 颜色模型是基于笛卡尔坐标系构建的,适用于电子显示器等设备,在 RGB 模型中,红色(R)、绿色(G)和蓝色(B)三个通道分别代表着颜色的组成成分。这一模型呈现为一个正立方体,其中黑色位于原点(0, 0, 0),而白色则位于对角线的另一端(255, 255, 255),通过调节这三个通道的数值,可以混合出各种丰富的颜色效果,为图像处理和显示带来了无限可能性。

5.6.2 CMY 和 CMYK 模型

CMY 颜色模型是基于颜料的三原色青色(C)、品红色(M)和黄色(Y)构建的,主要用于印刷领域中的颜色表示与混合。这些颜色分别对应 RGB 模型颜色的补色关系,通过调节 CMY 三个通道的颜料量可以达到不同颜色的表现效果。然而,由于在彩色打印中仅混合这三种颜料无法产生纯正的黑色,为此引入了黑色墨水作为第四种颜色,形成了 CMYK 模型。这一模型的应用使得印刷产业能够更准确地呈现出丰富多彩的色彩,同时也提高了印刷成品的色彩准确性和质量稳定性。

5.6.3 HSI 彩色模型

HSI(色相、饱和度、亮度)颜色模型被认为与人类感知和描述颜色的方式相近,可更轻松地由用户控制和理解颜色。该模型将颜色信息(色相和饱和度)与亮度信息分开,这种分离有助于在图像处理领域中应用灰度图像处理技术来处理彩色图像。通过 HSI 模型,我们能够更直观地对颜色进行描述和调整,同时在图像处理中更灵活地处理色彩和亮度的组合,为图像处理和计算机视觉领域提供了更多的可能性和便利性。RGB 向 HSI 模型的转换代码如下:

```python
import cv2
import numpy as np

def rgbtohsi(rgb_lwpImg):
    rows = int(rgb_lwpImg.shape[0])
    cols = int(rgb_lwpImg.shape[1])
    b, g, r = cv2.split(rgb_lwpImg)
    # 归一化到[0,1]
    b = b / 255.0
    g = g / 255.0
    r = r / 255.0
    hsi_lwpImg = rgb_lwpImg.copy()
    H, S, I = cv2.split(hsi_lwpImg)
    for i in range(rows):
        for j in range(cols):
            num = 0.5 * ((r[i, j]-g[i, j]) + (r[i, j]-b[i, j]))
            den = np.sqrt((r[i, j]-g[i, j])**2 + (r[i, j]-b[i, j])* (g[i, j]-b[i, j]))
            theta = float(np.arccos(num/den))

            if den == 0:
                H = 0
            elif b[i, j] <= g[i, j]:
                H = theta
            else:
                H = 2* 3.14169265 - theta

            min_RGB = min(min(b[i, j], g[i, j]), r[i, j])
            sum = b[i, j] + g[i, j] + r[i, j]
            if sum == 0:
                S = 0
            else:
                S = 1 - 3* min_RGB/sum

            H = H/(2* 3.14159265)
            I = sum/3.0
            # 输出HSI图像，扩充到255以方便显示,一般H分量在[0,2pi]之间,S和I在[0,1]之间
            hsi_lwpImg[i, j, 0] = H* 255
            hsi_lwpImg[i, j, 1] = S* 255
            hsi_lwpImg[i, j, 2] = I* 255
    return hsi_lwpImg

if __name__ == '__main__':
    rgb_lwpImg = cv2.imread("img_1.png")
    hsi_lwpImg = rgbtohsi(rgb_lwpImg)

    cv2.imshow('Original', rgb_lwpImg)
    cv2.imshow('HSI', hsi_lwpImg)
    cv2.imwrite('hsi_output.png', hsi_lwpImg)   # 保存生成的HSI图像
```

```
key = cv2.waitKey(0) & 0xFF
if key = = ord('q'):
        cv2.destroyAllWindows()
```

图 5-10 和图 5-11 分别是原图和生成的转换结果图。

图 5-10　原图　　　　　　　图 5-11　RGB 向 HSI 模型的转换结果图

5.6.4　伪彩色图像处理

伪彩色图像处理技术是一种将黑白或单色图像转换为彩色图像的方法,旨在提高人眼对图像细节的分辨能力和图像的视觉增强效果。该技术的主要方法包括密度分层法和灰度级-彩色变换法。密度分层法通过将不同灰度级别映射到不同的伪彩色,以突出图像中的细节和特征;而灰度级-彩色变换法则是根据灰度级别信息将黑白图像映射到彩色空间,使得图像呈现出视觉上更加丰富和生动的效果。这些技术的应用为图像处理和分析提供了更多选择,有助于改善图像质量和增强视觉表达效果。如果所寻找的确切的灰度值或值域是已知的,则灰度分层在可视化方面是简单而有力的辅助手段,特别涉及大量图像时更是如此。灰度分层代码如下:

```
import cv2
import imutils
import numpy as np

#在某一范围(A, B)突出灰度,其他灰度值保持不变
image = cv2.imread('img_1.png')
gray_img = cv2.cvtColor(image, cv2.COLOR_BGR2GRAY)

r_left, r_right =150, 230
r_min, r_max =0, 255
level_img =np.zeros((gray_img.shape[0], gray_img.shape[1]), dtype =np.uint8)
for i in range(gray_img.shape[0]):
    for j in range(gray_img.shape[1]):
        if r_left < = gray_img[i, j] < = r_right:
            level_img[i, j] = r_max
        else:
            level_img[i, j] = gray_img[i, j]
```

```
cv2.imshow('origin image', imutils.resize(image, 480))
cv2.imshow('level image', imutils.resize(level_img, 480))

cv2.imwrite('level_output.png', level_img)   #保存生成的图片

ifcv2.waitKey(0) = = 27:
    cv2.destroyAllWindows()
```

图 5-12 所示是灰度分层结果图。

图 5-12　灰度分层结果图

伪色彩图像处理是指基于一种指定的规则对灰度值赋以颜色的处理,主要应用是人目视观察和解释单幅图像或序列图像中的灰度级事件。伪色彩图像处理代码如下:

```
import numpy as np
import cv2
import matplotlib.pyplot as graph

#图片的路径
imgname ="img.png"
img1 = cv2.imread(imgname)
graph.subplot(121)
graph.xticks([])
graph.yticks([])
graph.imshow(img1)
image = cv2.imread(imgname, cv2.IMREAD_GRAYSCALE)
graph.subplot(122)
graph.xticks([])
graph.yticks([])
graph.imshow(image)

#保存处理后生成的灰度图像
```

```
#显示图像
graph.show()
```

图 5-13 和图 5-14 分别是原图和伪彩色图像处理图。

图 5-13　原图

图 5-14　伪彩色图像处理

5.6.5　全彩色图像处理

全彩色图像处理可以进一步分为逐分量处理后合成和直接对彩色图像进行处理两种方式。在逐分量处理后合成的方法中，图像的不同颜色通道（如红、绿、蓝通道）会被单独处理，然后再合成成最终的彩色图像，这种方式可以更精细地调整每个通道的效果以获得所需的色彩效果。而直接对彩色图像进行处理则是在保持颜色整体性的基础上直接对彩色图像进行处理，这种方法适用于对整体色调和图像整体色彩效果进行调整的场景。不同的处理方式适用于不同的图像处理需求，能够为图像处理带来更多的灵活性和选择性。

5.6.6　彩色变换

彩色变换可以在 HSI、RGB 或 CMY 空间中进行，其中 HSI 空间常用于处理彩色图像的直方图。在处理彩色图像的直方图时，通常会将图像转换到 HSI 空间，然后针对亮度分量进行调整，保持色调和饱和度不变，最后再将处理后的数据转换回 RGB 空间。这样的处理方式可以更精细地调整图像的亮度和对比度，同时保持色彩的稳定性，提高图像的质量和视觉效果。通过在不同色彩空间中进行转换和处理，我们能够更灵活地对图像进行调整和优化，满足不同应用场景的需求。彩色变换的代码如下：

```python
import numpy as np
import cv2
import matplotlib.pyplot as graph

image = cv2.imread("img_1.png")
# R、G、B 分量的提取
(B, G, R) = cv2.split(image)# 通道分解提取 R、G、B 分量
BH = cv2.equalizeHist(B)# 对 B 分量进行均衡化
GH = cv2.blur(G, (5, 5))   # 对 G 分量进行均值滤波化
RH = cv2.medianBlur(R,5)   # 对 R 分量进行中值滤波化

titles = ['Original', 'Red', 'Green', 'Blue']
images = [image, BH, GH, RH]
for i in range(4):
    graph.subplot(1, 4, i + 1)
    graph.imshow(images[i],'gray')
    graph.title(titles[i])
    graph.xticks([])
    graph.yticks([])
# 保存每张图像
cv2.imwrite(f'output_image_{i}.png', images[i])
graph.show()
```

图 5-15 所示分别是原图和彩色变换后的结果图。

(a) 原图　　　　　　(b) Red　　　　　　(c) Green　　　　　　(d) Blue

图 5-15　原图和彩色变换后的结果图

小　　结

图像增强是提升图像质量和可解释性的过程,广泛应用于医学成像、卫星遥感、图像编辑和社交媒体等领域。其主要目的是增强图像的细节和对比度,便于视觉分析和理解。

图像增强方法通常分为点操作、空间域滤波、频率域处理和局部增强技术。点操作通过调整图像的灰度级(如直方图均衡化、对数变换、幂律变换)来增强亮暗区域的对比。空间域滤波技术包括平滑滤波(如均值、高斯、中值滤波器)和锐化滤波(如高通和拉普拉斯滤波器),前者去噪、后者增强细节。频率域处理通过傅立叶变换将图像转换到频率域,使用低通或高通滤波器去噪或突出细节。同态滤波能改善亮处和暗处的对比度。局部增强技术则通过自适应直

方图均衡化等方法提高图像特定区域的细节。

然而,图像增强需避免过度处理,以免导致不真实的效果或丢失重要信息。在增强过程中保持图像的自然外观和准确性至关重要。效果评估既可通过用户的主观评价,也可通过信噪比、清晰度和图像质量指数等客观参数。

图像增强技术的选择需根据应用场景、图像类型、噪声水平和计算资源等因素来决定。实时处理和大规模数据处理时,算法的效率和性能尤为重要。基于深度学习的图像增强方法,尤其在低光照或高噪声环境中,已展示出优于传统方法的效果。

总体而言,图像增强是一个多样化的领域,要求开发者结合技术知识和创造力,选用合适的技术来解决特定问题,提升图像质量,为进一步分析打下基础。

思考与练习

一、选择题

1. 直方图均衡在图像增强中的主要目的是(　　)。
   A. 增加图像的亮度　　　　　　　　B. 改善图像的对比度
   C. 减少图像的噪声
2. 通常情况下,(　　)类型的滤波器用于图像平滑化处理。
   A. 低通滤波器　　　B. 高通滤波器　　　C. 带通滤波器
3. 图像尖锐化处理常用(　　)技术。
   A. 高斯模糊　　　　B. 高通滤波　　　　C. 同态滤波
4. 同态滤波的效果是(　　)。
   A. 仅增强图像的高频部分　　　　　B. 仅增强图像的低频部分
   C. 同时增强图像的高频和低频部分
5. 以下(　　)颜色空间相对频繁地用于彩色图像处理。
   A. RGB　　　　　　B. CMYK　　　　　C. HSI

二、填空题

1. 对直方图均衡之后,图像的_____通常会得到显著改善。
2. 图像锐化处理的主要目的是增强图像中的_____特征。
3. 滤波器在图像_____处理中是不可缺少的工具。
4. 图像尖锐化处理通常增加图像的_____,使图像看起来更清晰。
5. 在处理彩色图像时,需要考虑不同的颜色_____之间的相互作用。

三、判断题

1. 直方图均衡可以应用于所有类型的图像增强过程中。　　　　　　　　　　(　　)
2. 图像平滑化处理可以移除图像噪声,但也可能导致图像细节丢失。　　　　(　　)
3. 图像尖锐化处理经常伴随着对比度的提升。　　　　　　　　　　　　　　(　　)
4. 同态滤波仅用于彩色图像增强。　　　　　　　　　　　　　　　　　　　(　　)
5. HSI 颜色空间的应用仅限于彩色图像的增强。　　　　　　　　　　　　　(　　)

四、简答题

1. 简述直方图均衡的作用和原理。
2. 描述图像平滑化处理的两种常见方法。
3. 什么是图像尖锐化处理,以及它是如何实施的?
4. 同态滤波强调哪些图像特性?

五、论述题

讨论彩色图像处理中 HSI 颜色空间的优势及其在图像增强中的应用。

实　　训

综合实训:图像增强与视觉质量分析。

【实训描述】

使用一个示例图像,通过不同的图像增强技术对其进行处理,并进行视觉质量的分析。

【实训目标】

在实际应用中,图像增强是图像处理中的重要任务,通过提升图像的质量和可解释性,可以更好地满足不同应用场景的需求。本实训旨在使用不同的图像增强技术来提升图像的质量,并了解如何评价图像增强效果,能选择合适的评价方法来分析图像的视觉质量。进一步理解图像增强技术的应用和评价方法,为今后在实际工作中应用图像增强提供指导。

【实训步骤】

(1)导入必要的库:在 Python 中,首先导入 NumPy、OpenCV(用于图像处理)、Matplotlib(用于图像显示)等库。

(2)读取图像:从本地文件中读取一张彩色图像,如 input_image.jpg。

(3)图像增强:使用不同的图像增强技术,如直方图均衡化、锐化滤波等对图像进行处理。

(4)视觉质量分析:对增强后的图像进行视觉质量的分析,可以采用主观评价方法或客观评价方法。主观评价可以通过人工观察并给出评分,例如评价图像的清晰度、对比度和色彩鲜艳度等。

(5)显示结果:将原始图像和增强后的图像进行比较,并展示视觉质量分析的结果。

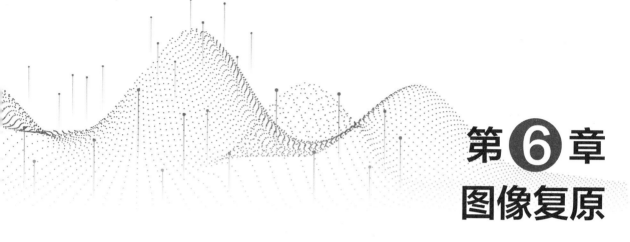

第6章 图像复原

学习目标

1. 理解图像复原的基本概念:能够解释图像复原的定义,理解其重要性以及在实际应用中的作用。

2. 掌握图像退化模型:能够识别和理解不同的图像退化模型,包括模糊、噪声、失真等,并了解它们在实际中的应用背景。

3. 学习图像复原算法:掌握常见的图像复原算法,如逆滤波、总变分去噪、非局部均值去噪、频域复原等,并理解它们的原理和应用。

4. 熟练使用图像处理工具:能够使用编程语言和图像处理库(如 Python、Matlab、OpenCV 等)实现图像复原算法,并进行实验分析。

5. 评估复原结果:能够对复原结果进行评估,包括客观评价和主观观察,并提出可能的改进意见。

6. 应用图像复原技术:能够将图像复原技术应用到实际问题中,如医学成像、遥感图像处理、数字摄影等,并理解其在这些领域的具体应用。

7. 提高分析和解决问题的能力:通过图像复原的学习,提高分析和解决实际图像处理问题的能力,培养创新和实践精神。

知识导图

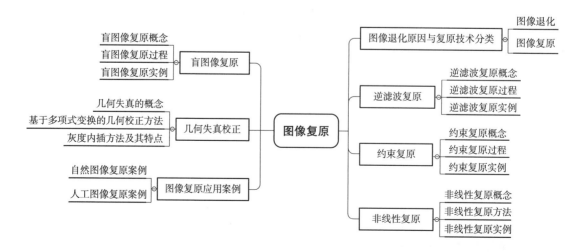

前面的章节介绍了图像处理的基本概念和一些基础技术,如图像变换、滤波等。这些技术为处理和分析图像提供了强大的工具。然而,在实际应用中,我们经常会遇到图像质量受到损害的情况。无论是由于相机故障、传输过程中的噪声,还是环境因素导致的模糊,这些退化都会影响到图像的质量和从中提取信息的操作。

为了克服这些挑战,本章将引入一个重要的技术:图像复原。图像复原是指通过一系列的算法和技术,将退化的图像恢复到其原始或者更接近原始的状态。这个过程对于提高图像的可读性、可分析性以及后续的图像处理任务至关重要。

本章将探讨图像退化的不同模型,学习多种图像复原算法,包括去噪、去模糊等。通过实际的案例来了解这些技术如何应用于医学成像、天文观测、数字摄影等领域。通过本章节的学习,理解图像复原的重要性,学会分析和解决图像退化问题,并掌握实现常用复原算法的技能。这些知识和技能将为进一步深入图像处理和分析领域奠定坚实的基础。

现在,让我们开始探索图像复原的世界,学习如何让受损的图像重焕生机!

6.1 图像退化原因与复原技术分类

6.1.1 图像退化

1. 图像退化定义

图像退化是指图像在形成、传输和记录过程中,由于成像系统、传输介质和设备的不完善,使图像的质量下降(变坏)。其典型表现为:模糊、失真、有噪声。

2. 图像退化原因

图像退化通常是由于一系列因素导致图像质量下降的现象。以下是一些常见的原因:

(1)成像系统的限制:成像设备如相机或扫描仪的光学元件可能存在缺陷,如透镜的球面像差、色差等,这些都会导致图像模糊或失真。

(2)记录设备的不完善:记录设备的性能不足,如传感器的分辨率不够高,或者动态范围有限,也会影响图像的质量。

(3)传输介质的影响:在图像传输过程中,可能会因为介质的干扰或信号衰减导致图像质量下降。例如,无线网络传输中的信号丢失或干扰。

(4)处理方法的缺陷:在图像处理过程中,如果算法选择不当或参数设置不正确,也可能引起图像的退化。

(5)运动模糊:拍摄时物体与相机之间的相对运动会造成图像模糊。这种模糊可以通过建立运动模糊退化模型来描述。

(6)噪声干扰:电子噪声、环境噪声等都会对图像造成干扰,使得图像出现随机的亮点或暗点,影响图像的清晰度和对比度。

(7)光学效应:如光晕、衍射等光学效应也会导致图像质量的降低。

(8)环境因素:光线条件不佳、雾霾、烟尘等自然环境因素也会影响图像的清晰度。

(9)压缩伪影:为了节省存储空间或加快传输速度,图像通常会被压缩。压缩过程中可能会引入损失,导致图像细节丢失或出现压缩伪影。

(10)传感器尺寸和像素:传感器尺寸和像素数量也会影响图像质量。较大的传感器和较高的像素数量通常能提供更好的图像质量。

例如,图6-1是由于镜头聚焦不好引起的模糊,图6-2是由于小车运动产生的模糊,图6-3是大气湍流影响的结果,图6-3(a)中,大气湍流可以忽略不计,图6-3(b)为剧烈湍流影响的结果,图6-3(c)和图6-3(d)分别为中等湍流和轻微湍流影响的结果。从以上几张图片可以看出,成像过程中不同因素的影响导致影像质量下降,这就是图像退化。

图6-1 由于镜头聚焦不好引起的模糊

图6-2 由于运动产生的模糊

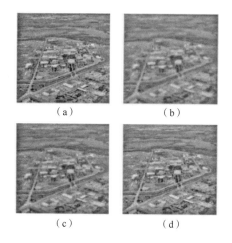

图6-3 大气湍流影响的结果

综上所述,图像退化的原因可能是由多种因素导致的。然而,了解图像退化的原因是进行有效的图像复原的前提。图像复原的目的是通过建立退化现象的数学模型,并进行反向推演运算,以恢复原来的景物图像。在实际应用中,图像复原技术广泛应用于卫星图像处理、医学成像、安防监控等领域,以改善图像质量,提高图像的可用性和准确性。

6.1.2 图像复原

1. 图像复原概述

图像复原技术主要是针对成像过程中的"退化"而提出来的,而成像过程中的"退化"现象主要指成像系统受到各种因素的影响,诸如成像系统的散焦、设备与物体间存在相对运动或者是器材的固有缺陷等,导致图像的质量不能达到理想要求。图像的复原和图像的增强存在类似的地方,图像增强也是为了提高图像的整体质量。但是与图像复原技术相比,图像增强技术重在对比度的拉伸,它可以根据观看者的喜好来对图像进行处理,提供给观看者乐于接受的图像。图像复原技术则是通过去模糊函数去除图像中的模糊部分,还原图像的本真,其主要采用的方式是同采用退化图像的某种所谓的先验知识来对已退化图像进行修复或者是重建,就复原过程来看可以将之视为图像退化的一个逆向过程。图像的复原,首先要对图像退化的整个过程加以适当的估计,在此基础上建立近似的退化数学模型,之后还需要对模型进行适当的修正,以对退化过程出现的失真进行补偿,以保证复原之后所得到的图像趋近于原始图像,实现图像的最优化。但是在图像退化模糊的过程中,噪声与干扰同时存在,这给图像的复原带来了诸多的不确定性。

2. 基本思路

针对图像的模糊、失真、有噪声等造成的退化,我们需要对退化后的图像进行复原。图像复原就是尽可能恢复退化图像的本来面目,它是沿图像退化的逆过程进行处理,也就是如果我们知道图像是经历了什么样的过程导致退化,就可以按其逆过程来复原图像。因此,图像复原过程流程如下:

找退化原因→建立退化模型→反向推演→恢复图像

典型的图像复原是根据图像退化的先验知识,建立退化现象的数学模型,再根据模型进行反向的推演运算,以恢复原来的景物图像。因此,图像复原的关键是知道图像退化的过程,即图像退化模型,并据此采用相反的过程求得原始图像。

3. 图像复原的技术

图像复原的方法通常旨在逆转图像退化的过程,针对不同的退化问题,图像复原的技术主要有:

(1)逆滤波复原:这是一种基础的图像复原方法,通过设计一个逆滤波器来抵消退化过程中的影响。

(2)维纳滤波复原:维纳滤波是一种统计方法,它考虑了图像和噪声的功率谱,旨在最小化复原图像与原始图像之间的均方误差。

(3)约束复原:这种方法通过最小化一个包含图像清晰度和噪声水平的函数来进行图像复原,通常需要对问题进行正则化以获得稳定解。

(4)Lucy-Richardson 复原:这是一种迭代算法,主要用于泊松噪声条件下的图像复原,特别是在天文成像中应用广泛。

(5)盲解卷积复原:当退化过程的确切信息未知时,盲解卷积尝试同时估计图像和退化过程的点扩散函数(PSF),这是一种更复杂的复原方法。

(6)去卷积复原算法:这类方法包括维纳去卷积、功率谱平衡与几何平均值滤波等,它们都是基于去卷积技术的复原方法。

(7)线性代数复原:这种方法利用线性代数的技术来解决图像复原问题,通常涉及大型矩阵的运算。

(8)空间域法和频率域法:空间域法主要是对图像的灰度进行处理,而频率域法则是通过滤波来处理图像的频率成分。

(9)非线性复原方法:在某些情况下,图像退化可能不是线性的,这时就需要使用非线性复原方法来处理。

(10)深度学习方法:近年来,随着深度学习技术的发展,基于神经网络的图像复原方法也越来越受到关注,这些方法能够学习到复杂的退化模式并进行有效的复原。

图像复原的方法有很多,每种方法都有其适用的场景和优缺点。在实际应用中,选择合适的复原方法通常需要考虑图像退化的具体原因、可用的先验知识以及计算资源等因素。

6.2 逆滤波复原

6.2.1 逆滤波复原概念

逆滤波复原是一种信号复原方法,主要用于解决因信号受损而导致的信号分析困难。这种方法的核心思想是利用逆滤波器将受损信号与逆滤波器进行卷积,从而得到原始信号。

6.2.2 逆滤波复原过程

逆滤波复原的过程包括以下几个步骤:

(1)确定模糊的类型:在进行逆滤波复原之前,需要先确定图像或信号受到的模糊类型,如运动模糊、模糊核函数等。这有助于选择合适的逆滤波算法和参数,提高复原效果。

(2)确定点扩散函数:点扩散函数描述了模糊系统对单位脉冲信号的响应,是进行逆滤波复原的关键。在 Matlab 中,可以使用 fspecial 函数生成一些常用的点扩散函数,如高斯函数、运动模糊函数等,并根据实际情况选择合适的点扩散函数。

(3)调整噪声信噪比:噪声信噪比是指信号与噪声功率之比,用于衡量复原图像或信号的噪声水平。通过调整 NSR 参数的值,可以控制复原图像或信号的噪声水平。一般情况下,较小的 NSR 值可以得到较好的复原效果。

(4)对比度增强:在进行逆滤波复原后,复原图像或信号可能会出现对比度降低的问题。可以通过调整图像或信号的灰度级范围来增强对比度,使图像或信号更加清晰。

需要注意的是,逆滤波复原可能会引入噪声,因为任何系统都有噪声,且输入信号和系统响应之间的噪声无法消除。因此,逆滤波会将这些噪声放大,导致信号的恢复质量下降。此外,逆滤波复原需要知道图像的退化模型和点扩散函数等参数,否则会产生误差。

6.2.3 逆滤波复原实例

下面是一个示例代码,展示了如何使用 OpenCV 库进行逆滤波复原:

```
import cv2
#读取经过滤波后的图像
filtered_image = cv2.imread('filtered_image.jpg')
#创建高斯模型
kernel_size = (5, 5) # 设置核大小为 5x5
sigma =0 # 标准差为 0 表示自动计算
gaussian_model = cv2.getGaussianKernel(kernel_size[1], sigma) * kernel_size[0] / np.sum(gaussian_model)
#应用高斯模型进行逆滤波复原
inversely_filtered_image = cv2.filter2D(filtered_image, -1, gaussian_model)
#显示结果
```

```
cv2.imshow("Original Image", filtered_image)
cv2.imshow("Reconstructed Image", inversely_filtered_image)
cv2.waitKey(0)
cv2.destroyAllWindows()
```

上述代码首先读取经过滤波后的图像文件 filtered_image.jpg,然后根据需要调整高斯模型的参数,利用 cv2.filter2D()函数将高斯模型应用于滤波后的图像,得到逆滤波复原后的图像。最后通过 cv2.imshow()函数显示原始图像和逆滤波复原后的图像。

6.3 约束复原

6.3.1 约束复原概念

在图像处理中,约束复原(constraint regularization)通常是指一种技术,它用于在图像修复、去噪或增强等任务中,同时保持图像的某些特性(即"约束")和进行所需的改变。这种方法结合了图像的先验知识和优化算法,以确保在改变图像的某些部分时,整体图像的质量得到保持,并且特定的属性得到尊重。例如,在图像去噪中,约束复原可能涉及保持图像的边缘和纹理信息,同时减少噪声。在这种情况下,优化算法会尝试找到一种方法来平滑图像,但同时不会过度模糊那些重要的结构信息。

在图像修复中,约束复原可以用来确保在填补缺失像素的区域时,新添加的像素与周围的像素在颜色、纹理和结构上保持一致。这可能涉及使用一系列的约束条件,如梯度一致性、纹理连续性和边缘保护等。

6.3.2 约束复原过程

约束复原的技术通常涉及以下几个步骤:
(1)定义约束:确定图像中需要保留的不变量,如边缘、纹理或颜色分布。
(2)建立模型:创建一个数学模型,将图像的修复或去噪问题表述为一个优化问题。
(3)选择优化算法:采用诸如梯度下降、共轭梯度或非局部均值等算法来求解优化问题。
(4)更新像素值:根据优化算法迭代地更新图像中感兴趣区域的像素值。
(5)迭代直到收敛:重复更新像素值的过程,直到图像的变化不再显著,或者达到预设的迭代次数。

约束复原在图像处理中是一种强大的工具,因为它能够平衡图像的局部和全局特性,从而在改善图像质量的同时,保留重要的视觉信息。

6.3.3 约束复原实例

约束复原在图像处理中指的是在恢复图像时,对图像的某些特性施加限制,以保证恢复后的图像满足特定的条件。这些条件可以是图像的物理特性,如能量守恒或图像内容的先验知识,如图像的局部一致性。

一个常见的约束复原实例是使用总变分(total variation,TV)去噪算法。TV 去噪算法在复原图像时,最小化图像的梯度之和,这有助于保持图像的边缘和细节,同时去除噪声。

以下是一个使用 Python 和 OpenCV 库实现 TV 去噪算法的示例：

```python
#然后,你可以使用以下代码来实现 TV 去噪:
python
import cv2
import numpy as np
#读取图像
image = cv2.imread('noisy_image.jpg', cv2.IMREAD_GRAYSCALE)
#应用全变分去噪算法
denoised_image = cv2.fastNlMeansDenoising(image,None, 30, 7, 21)
#保存或展示去噪后的图像
cv2.imwrite('denoised_image.jpg', denoised_image)
# cv2.imshow('Denoised Image', denoised_image)
# cv2.waitKey(0)
# cv2.destroyAllWindows()
```

在这个例子中,cv2.fastNlMeansDenoising 函数用于应用非局部均值滤波器,这是一种常用于去除图像噪声的算法。None 参数表示输出的 denoised_image,30 是用于确定相似性区域的参数,7 是搜索窗口的大小,21 是用于创建高斯核的窗口大小。

请注意,这个例子并没有直接使用 TV 去噪算法,而是使用了 OpenCV 库中的非局部均值去噪功能,这是因为 TV 去噪算法的实现通常更为复杂,需要显式地构建和解决能量最小化问题。如果需要一个更直接的 TV 去噪示例,可能需要使用专门的图像处理库,如 PyTorch 或 Scikit-Image,这些库提供了更高级的 API 来解决这类问题。

6.4 非线性复原

6.4.1 非线性复原概念

在图像处理中,非线性复原方法是指使用非线性数学模型来恢复图像的原始信息,这些方法通常用于处理图像的去噪、去模糊、超分辨率重建等任务。非线性复原方法能够更好地描述图像中的复杂现象,尤其是在图像受到严重退化时。

6.4.2 非线性复原方法

常见的非线性复原方法主要基于图像的先验知识和数学模型,用于解决图像退化问题,如去噪、去模糊、超分辨率等。以下是一些常见的非线性复原方法：

(1)基于总变分的方法：TV 复原方法利用图像的局部一致性假设,通过最小化图像的全局变分来去除噪声和保持边缘。这种方法对于去除噪声同时保持边缘特性非常有效。

(2)基于稀疏表示的方法：稀疏表示方法假设图像可以由一个稀疏的线性组合表示,使用过完备字典中的原子来表示图像。通过寻找最稀疏的表示,可以去除图像中的噪声和其他退化。

(3)基于小波变换的方法：小波变换是一种多尺度的信号分解方法,可以将图像分解为不同尺度和方向的成分。通过在小波域中对系数进行处理,可以实现图像的去噪和压缩。

(4)基于曲波(curvelet)和轮廓波(contourlet)变换的方法：这些方法是为了更好地表示图

像中的边缘和纹理信息而设计的。它们通过多尺度、多方向的变换来捕捉图像的结构特征,适用于去除噪声和进行图像增强。

(5)基于偏微分方程(PDEs)的方法:偏微分方程方法通过模拟图像的物理退化过程来建立复原模型。典型的例子包括热传导方程和扩散方程,这些方程可以用于去噪和图像平滑。

(6)基于变分贝叶斯(variational Bayesian)的方法:这些方法结合了贝叶斯估计和变分推断,用于解决图像复原问题。它们可以提供鲁棒的性能,并且能够处理模型的不确定性。

(7)基于非局部均值(non-local means,NLM)的方法:非局部均值方法利用图像中重复的纹理和结构信息,通过加权平均非局部像素来去除噪声。这种方法在保持图像细节方面非常有效。

这些非线性复原方法各有特点,适用于不同的应用场景和退化模型。随着深度学习技术的发展,许多传统的非线性复原方法已经被基于深度学习的方法所取代,尤其是在大数据和计算资源充足的情况下。然而,对于一些特定的应用和有限的计算资源环境,这些传统的非线性复原方法仍然非常有价值。

6.4.3 非线性复原实例

一个常见的非线性复原实例是在图像去雾中的应用。图像去雾是指恢复图像中的场景细节,去除由于大气散射造成的模糊效果。这通常涉及求解一个非线性的照明模型和散射模型。以下是一个简单的 Python 示例,展示了如何使用 OpenCV 库来实现一个基本的去雾算法。这个例子中使用了 dark channel prior 方法,这是一种常见的非线性去雾技术。

```
#然后,你可以使用以下代码来实现去雾:
python
import cv2
import numpy as np
#读取图像
image = cv2.imread('dehazed_image.jpg', cv2.IMREAD_COLOR)
#转换为 Lab 颜色空间
lab = cv2.cvtColor(image, cv2.COLOR_BGR2Lab)
#分离 Lab 颜色空间的通道
L, a, b = cv2.split(lab)
#使用 dark channel prior 方法去雾
#首先计算暗通道
dark_channel = cv2.mean(L,mask=cv2.inRange(0, 100, 255))
#计算最小值和最大值
min_val, max_val, min_loc, max_loc = cv2.minMaxLoc(dark_channel)
#计算大气光照
A = L[min_loc[1], min_loc[0]]
#计算去雾后的 L 通道
L_restored = (L - A) * (dark_channel / dark_channel[min_loc[1], min_loc[0]]) + A
#合并回 Lab 颜色空间
L_restored = cv2.merge([L_restored, a, b])
```

```
#转换回 BGR 颜色空间
dehazed_image = cv2.cvtColor(L_restored, cv2.COLOR_Lab2BGR)
#保存或展示去雾后的图像
cv2.imwrite('dehazed_image.jpg', dehazed_image)
# cv2.imshow('Dehazed Image', dehazed_image)
# cv2.waitKey(0)
# cv2.destroyAllWindows()
```

在这个例子中,首先将图像转换到 Lab 颜色空间,然后分离出 L 通道。使用 dark channel prior 方法计算出暗通道,并假设这个暗通道代表了大气光照。然后,使用这个大气光照来恢复 L 通道,最后将 L 通道合并回 Lab 颜色空间,并转换回 BGR 颜色空间。

请注意,这个例子是一个非常简化的去雾算法,实际应用中的去雾算法可能更加复杂,需要考虑更多的因素,如场景深度、散射强度等。

6.5 盲图像复原

6.5.1 盲图像复原概念

盲图像复原是指在没有有关原始图像任何先验知识的情况下,从退化图像中恢复出高质量图像的过程。退化图像是指在图像采集、传输或处理过程中受到噪声、模糊等退化因素影响的图像。盲图像复原是一种重要的计算机视觉任务,具有广泛的应用价值。例如,在医学图像处理中,可以从低质量的医学影像中恢复出高质量的图像,以便于医生进行诊断;在卫星图像处理中,可以从受到云层遮挡或噪声干扰的卫星影像中恢复出清晰的地球表面图像。

6.5.2 盲图像复原过程

盲图像复原的关键在于设计有效的算法,利用退化图像中含有的有用信息,对退化过程进行建模,并从退化图像中反演出生成图像。盲图像复原算法通常可以分为以下几个步骤:

(1)观测图像:有一个观测到的退化图像,这个图像可能受到模糊、噪声或其他退化效应的影响。

(2)建立模型:在没有关于图像退化过程的直接信息的情况下,假设一个或多个可能的退化模型。这些模型可能包括模糊模型(如高斯模糊、径向模糊等)和噪声模型(如高斯噪声、椒盐噪声等)。

(3)选择或设计算法:根据所选的退化模型,选择或设计一个算法来恢复图像。这些算法可以是基于统计的方法,如最大似然估计或贝叶斯估计,或者是基于优化方法,如梯度下降或共轭梯度法。

(4)优化和迭代:使用选定的算法对观测图像进行处理,以估计原始图像。这个过程通常涉及优化一个目标函数,该函数衡量恢复图像与原始图像之间的差异。

(5)结果评估:最后,需要评估复原结果的质量。这可能包括比较恢复图像与原始图像,或者评估图像的清晰度和对比度等指标。

盲图像复原是一个复杂的问题,因为它是高度非线性的,并且通常有很多局部最小值。因此,设计和选择合适的算法是一个挑战,需要深入的理解和丰富的经验。在实际应用中,盲图像复原可以用于修复老照片、去除摄像头模糊、从噪声干扰的图像中提取有用信息等。

6.5.3 盲图像复原实例

在 Python 中实现盲图像复原,通常会使用一些图像处理库,如 OpenCV、scikit-image 等,它们提供了许多内置的函数和算法来处理图像。以下是一个简单的例子,展示了如何使用 Python 和 OpenCV 库来实现盲图像复原,具体使用的是非局部均值滤波器来去除图像中的噪声:

```python
import cv2
import numpy as np
# 读取图像
image = cv2.imread('noisy_image.jpg', cv2.IMREAD_GRAYSCALE)
# 检查图像是否成功读取
if image is None:
    raise ValueError("Image not found or unable to read.")
# 非局部均值去噪
# h: 决定滤波强度,值越大去噪效果越强,但可能会丢失细节
# hForColorComponents: 对于彩色图像,这是用于颜色分量的 h 值
# templateWindowSize: 查找相似块的窗口大小,必须是奇数
# searchWindowSize: 搜索相似块的窗口大小,必须是奇数
denoised_image = cv2.fastNlMeansDenoising(image, None, 30, 7, 21)
# 显示原始图像和去噪后的图像
cv2.imshow('Original Noisy Image', image)
cv2.imshow('Denoised Image', denoised_image)
# 保存去噪后的图像
cv2.imwrite('denoised_image.jpg', denoised_image)
# 等待按键后关闭所有窗口
cv2.waitKey(0)
cv2.destroyAllWindows()
```

在这个例子中,fastNlMeansDenoising 函数是 OpenCV 提供的非局部均值去噪函数。需要根据自己的图像和噪声水平调整 h、templateWindowSize 和 searchWindowSize 参数。

请注意,这只是一个非常基础的例子,实际的盲图像复原可能需要更复杂的算法和更多的调整。根据具体的应用场景和退化模型,可能需要使用不同的方法和技术。

6.6 几何失真校正

在诸如数字识别、车牌识别、条形码识别、遥感影像信息提取等应用场景中,特别是基于日常便携图像采集设备的应用场景中,通过图像采集设备所获取的图像不可避免地存在运动模糊、畸变失真退化等成像问题。如用广角镜头拍出的照片中远处的建筑物通常是歪斜的,在翻拍旧照片的时候常常拍出畸形的结果、卫星拍摄影像自身的姿态不稳定以及地面起伏等原因造成的影像畸变等。因此,需要对这样的图像进行几何校正。

6.6.1 几何失真的概念

在实际的成像系统中,图像捕捉介质平面和物体平面之间不可避免地存在一定的转角和倾斜角。转角对图像的影响是产生图像旋转,倾斜角的影响表现为图像发生投影变形。另外一种情况是由于摄像机系统本身的原因导致的镜头畸变。此外,还有由于物体本身平面不平整导致的曲面畸变,如柱形畸变等。这些畸变统称为几何畸变。光学系统、电子扫描系统失真而引起的斜视畸变、投影畸变、枕形、桶形畸变、混合畸变、柱面畸变等,都可能使图像产生几何特性失真,这些系统失真导致的常见的图像几何畸变,如图6-4所示。

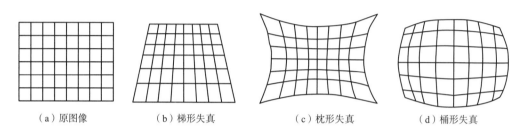

(a)原图像　　　　(b)梯形失真　　　　(c)枕形失真　　　　(d)桶形失真

图6-4　常见的图像几何畸变

几何畸变又可分为线性几何畸变和非线性几何畸变。通常情况下,线性几何畸变指缩放、平移、旋转等畸变。而非线性几何畸变是由成像面和物平面的倾斜、物平面本身的弯曲、光学系统的像差造成的畸变,表现为物体与实际的成像各部分比例失衡。

常见几何畸变退化问题的复原大多是基于成像系统,如模拟鱼眼和针孔系统进行摄像机标定,通过确定摄像机畸变参数对所获取图像进行后续校正和复原处理。其优点是一旦确立成像模型,便可以快速有效地根据模型参数对基本图像进行几何变换,从而实现复原。但通常情况下我们面临的图像其成像系统未知且多样化,因此,这种方法不适合于解决一般性无法预知模型的畸变退化。

比如由成像面不平整造成的曲面畸变。因此,另外一种常见的解决方法是多项式变换技术,其实质是利用数值分析的方法求解几何变换方程。其优点是不需要预先知道成像模型,对复杂曲面畸变能够进行校正和复原。缺点是运算量大,不适宜实时性较高系统,对多项式次数和控制点的选取要求严格,发生复原失控的概率很大,不适用于一些只存在投影变换和镜头畸变的图像。

6.6.2 基于多项式变换的几何校正方法

这里重点介绍基于多项式变换的几何校正方法,其基本流程是先建立几何校正的数学模型,比如针对畸变特点选择一次多项式或者二次多项式作为几何校正的数学模型;其次,利用已知条件确定模型参数,通常以标准未畸变影像为参考,由用户在参考影像与畸变影像上选择控制点(同名点),从而解算出多项式系数,即确定出模型参数;最后根据模型对图像进行几何校正。通常由如下两步来完成:

(1)图像空间坐标变换(确定校正后图像中每个像素的空间坐标);首先建立图像像点坐标(行、列号)和物方(或参考图)对应点坐标间的映射关系,解求映射关系中的未知参数,然后根据映射关系对图像各个像素坐标进行校正。

(2)灰度内插(确定校正影像中每个像素的灰度值)。

1. 几何校正的坐标变换

实际工作中常以一幅图像为基准,去校正另一幅几何失真图像。通常设基准图像 $f(x,y)$ 是利用没畸变或畸变较小的摄像系统获得的,而有较大几何畸变的图像用 $g(x',y')$ 表示,如图 6-5 所示是一种畸变情形。

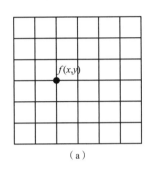
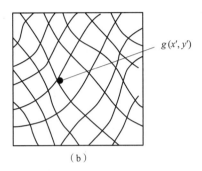

图 6-5　畸变情形

设两幅图像几何畸变的关系能用解析式描述为 $x' = h_1(x,y)$,$y' = h_2(x,y)$,通常 $h_1(x,y)$ 和 $h_2(x,y)$ 可用多项式来近似

$$x' = \sum_{i=0}^{n} \sum_{j=0}^{n-i} a_{ij} x^i y^j$$

$$y' = \sum_{i=0}^{n} \sum_{j=0}^{n-i} b_{ij} x^i y^j$$

当 $n = 1$ 时,畸变关系为线性变换,

$$x' = a_{00} + a_{10}x + a_{01}y$$

$$y' = b_{00} + b_{10}x + b_{01}y$$

上述式子中包含 a_{00}、a_{10}、a_{01}、b_{00}、b_{10}、b_{01} 六个未知数,至少需要三个已知点来建立方程,解求未知数。当 $n = 2$ 时,畸变关系式为

$$x' = a_{00} + a_{10}x + a_{01}y + a_{20}x^2 + a_{11}xy + a_{02}y^2$$

$$y' = b_{00} + b_{10}x + b_{01}y + b_{20}x^2 + b_{11}xy + b_{02}y^2$$

包含 12 个未知数,至少需要六个已知点来建立关系式,解求未知数。

2. 几何校正方法

几何校正方法可分为直接法和间接法两种。

(1)直接法。

利用若干已知点(就是通常所说的控制点)坐标,根据参考图像中像素坐标与校正后影像的像素坐标的对应关系,如下式所示,(x,y) 为参考图像坐标,(x',y') 为 (x,y) 对应的校正后影像坐标:

$$\begin{cases} x = h_1'(x',y') = \sum_{i=0}^{n} \sum_{j=0}^{n-i} a_{ij}' x'^i y'^j \\ y = h_2'(x',y') = \sum_{i=0}^{n} \sum_{j=0}^{n-i} b_{ij}' x'^i y'^j \end{cases}$$

通过解求未知参数得到二者的对应关系;根据上述关系依次计算每个像素的校正坐标,同时把像素灰度值赋予对应像素,这样生成一幅校正图像。

该方法存在的一个问题是图像像素分布是不规则的,会出现像素挤压、疏密不均等现象,不能满足原始未畸变影像的要求,因此最后还需对不规则图像通过灰度内插生成规则的栅格图像。

(2)间接法。

$$\begin{cases} x = h'_1(x',y') = \sum_{i=0}^{n}\sum_{j=0}^{n-i} a'_{ij}x'^{i}y'^{j} \\ y = h'_2(x',y') = \sum_{i=0}^{n}\sum_{j=0}^{n-i} b'_{ij}x'^{i}y'^{j} \end{cases}$$

对图 6-6 所示的畸变图像的四个角点 a、b、c、d 进行坐标变换,获得 a'、b'、c'、d'。由此确定校正图像的范围。再按下式

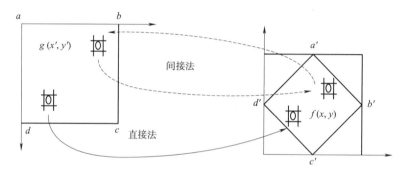

图 6-6　畸变图像坐标转换

$$\begin{cases} x' = h'_1(x,y) = \sum_{i=0}^{n}\sum_{j=0}^{n-i} a_{ij}x^{i}y^{j} \\ y' = h_2(x,y) = \sum_{i=0}^{n}\sum_{j=0}^{n-i} b_{ij}x^{i}y^{j} \end{cases}$$

反求像点 (x,y) 在已知畸变图像上的坐标 (x',y')。由于计算所得的 (x',y') 坐标值一般不为整数,不会位于畸变图像像素中心,因而不能直接确定该点的灰度值,而只能在畸变图像上,由该像点周围的像素灰度值通过内插求出该像素的灰度值,作为 (x,y) 点的灰度。按上述步骤获得校正图像。

由于间接法内插灰度容易,所以一般采用间接法进行几何纠正。

6.6.3　灰度内插方法及其特点

常用的像素灰度内插法有最近邻内插法、双线性内插法和三次内插法三种。

1. 最近邻内插法

在待求点的四邻像素中,将距离这点最近的相邻像素灰度赋给该待求点,如图 6-7 所示,十字点为计算所得坐标位置,其距离左上角给予红色标记的像素最

近,因此,将该红色像素的灰度值赋给纠正后对应的像素。该方法最简单,效果尚佳,但校正后的图像有明显锯齿状,即存在灰度不连续性。

图6-7 最近邻内插法

2. 双线性内插法

双线性内插法是利用待求点四个邻像素的灰度在两个方向上作线性内插。如图6-8所示,下面推导待求像素灰度值的计算式

对于黄线连接的位置$(i,j+v)$,图中的黄点所示有$f(i,j+v) = [f(i,j+1) - f(i,j)]v + f(i,j)$。

对于绿线连接的位置$(i+1,j+v)$,图中的蓝点所示有$f(i+1,j+v) = [f(i+1,j+1) - f(i+1,j)]v + f(i+1,j)$。

对于红线连接的位置$(i+u,j+v)$,图中的红点所示,即待求点,有$f(i+u,j+v) = [f(i+1,j+v) - f(i,j+v)]u + f(i,j+v) = (1-u)(1-v)f(i,j) + (1-u)vf(i,j+1) + u(1-v)f(i+1,j) + uvf(i+1,j+1)$。

结合前面两个计算结果,得到上式,校正点像素灰度值为相邻四个像素的线性加权和,因此,称为线性内插。该方法要比最近邻元法复杂,计算量大。但没有灰度不连续性的缺点,结果令人满意。它具有低通滤波性质,使高频分量受损,图像轮廓有一定模糊。

3. 三次内插法

该方法利用三次多项式$S(x)$来逼近理论上的最佳插值函数$\sin x/x$。其数学表达式为

$$S(x) \begin{cases} 1 - 2|x|^2 + |3|^3, 0 \le |x| < 1 \\ 4 - 8|x| + 5|x|^2 - |x|^3, 1 \le |x| < 2 \\ 0, |x| \ge 2 \end{cases}$$

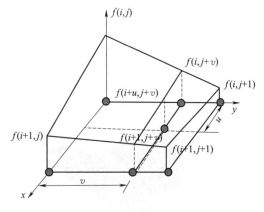

图6-8 双线性内插法

如图6-9所示,红色像素为(x,y)像素坐标邻近原图像坐标(i,j),以该(i,j)为参考,取(x,y)周围16个像素,它们的坐标以此为左上角$(i-1,j-1)$,右上角$(i-1,j+2)$,左下角$(i+2,j-1)$,右下角$(i+2,j+2)$。

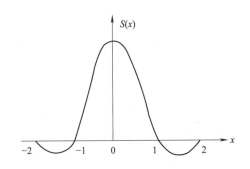

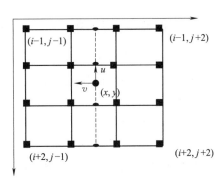

图6-9 三次内插法

待求像素(x,y)的灰度值由其周围16个点的灰度值加权内插得到。可推导出待求像素

的灰度计算式如下：

$$f(x,y) = A \cdot B \cdot C$$

其中
$A = [s(1+v)s(v)s(1-v)s(2-v)]$，为水平方向按 $S(x)$ 计算得到的权重。

$$B = \begin{cases} f(i-1,j-1)f(i-1,j)f(i-1,j+1)f(i-1,j+2) \\ f(i,j-1)f(i,j)f(i,j+1)f(i,j+2) \\ f(i+1,j-1)f(i+1,j)f(i+1,j+1)f(i+1,j+2) \\ f(i+2,j-1)f(i+2,j)f(i+2,j+1)f(i+2,j+2) \end{cases}$$

$C = [s(1+u)s(u)s(1-u)s(2-u)]^T$，为垂直方向按 $S(x)$ 计算得到的权重。

u,v 为内插点距离其最邻近像素 $f(i,j)$ 的距离,该算法计算量最大,但内插效果最好,精度最高。图 6-10 给出了三种不同像素灰度内插方法的效果,可以看出,三次内插法效果最好,最平滑。

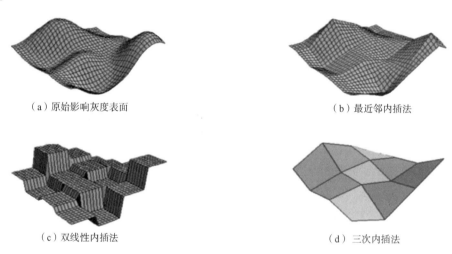

（a）原始影响灰度表面　　　　（b）最近邻内插法

（c）双线性内插法　　　　（d）三次内插法

图 6-10　内插效果

6.7　图像复原应用

6.7.1　自然图像复原应用

自然图像复原的应用通常涉及对在自然环境中拍摄的图像进行处理,以恢复其清晰度和准确性。以下是一些典型的自然图像复原案例:

(1) 去噪。案例:在夜晚拍摄的城市照片中,由于光线不足,图像中充满了噪点。使用去噪算法(如小波去噪、非局部均值去噪等)可以减少噪点,恢复图像细节。

(2) 去模糊。案例:在拍摄风景照片时,由于相机抖动导致图像模糊。通过图像去模糊技术(如逆滤波、维纳滤波等)可以增强图像的清晰度。

(3) 超分辨率。案例:使用手机或低分辨率相机拍摄的图片,通过超分辨率技术可以提高图像的分辨率,使得细节更加清晰。这通常涉及插值算法(如双线性插值、卷积神经网络等)。

(4) 去雨。案例:在雨天拍摄的照片中,雨滴和湿润的表面会导致图像模糊和光晕。通过图像处理技术(如边缘检测、图像分割、去雨算法等)可以去除雨天带来的影响,恢复清晰图像。

(5)去雾。案例:在雾天拍摄的照片往往看起来朦胧不清,因为大气中的水滴和气溶胶会导致光线散射。使用去雾算法(如暗通道先验、基于深度学习的方法等)可以减少散射效应,恢复景物的真实外观。

(6)光照校正。案例:在不同的光照条件下拍摄的照片可能会有色差或过曝/欠曝的问题。通过光照校正技术(如直方图均衡化、自适应直方图均衡化等)可以调整光照分布,使图像更加均匀和真实。

(7)颜色校正。案例:由于环境因素或相机设置不当,拍摄的照片可能存在颜色偏差。颜色校正技术(如颜色映射、色彩平衡等)可以调整颜色分布,使图像色彩更符合实际场景。

这些案例展示了自然图像复原技术在不同场景下的应用,通过这些技术可以有效地提升图像的质量,使其更适用于各种用途,如商业、科研、个人留念等。

6.7.2 人工图像复原应用

人工图像复原的应用通常涉及对在数字图像处理或计算机视觉任务中遇到的图像进行修复和增强。以下是一些典型的人工图像复原案例:

(1)图像去压缩。案例:在图像传输过程中,为了减少数据大小,图像经常被压缩。接收端需要使用去压缩算法(如 JPEG 去压缩、HEIF 去压缩等)来恢复图像的原始质量。

(2)视频帧插值。案例:在视频播放中,有时会因为源材料缺失或编码限制而丢失某些帧。视频帧插值技术(如运动向量估计、深度学习 based 方法等)可以在缺失帧的位置插入合成的帧,以提高视频的流畅性。

(3)老照片修复。案例:年代久远的老照片可能存在褪色、破损、污渍等问题。使用图像修复算法(如纹理合成、图割、深度学习等)可以去除污渍,修复破损区域,并恢复照片的颜色和清晰度。

(4)艺术作品修复。案例:受损的艺术作品,如画作、雕塑等,可以通过数字图像处理技术进行修复。这可能包括去除划痕、污渍,以及恢复颜色的真实性。

(5)图像去隔行。案例:某些视频或图像格式可能使用隔行扫描(interlaced scan)而不是逐行扫描(progressive scan)。图像去隔行技术可以将隔行扫描的图像转换为逐行扫描的图像,以便更好地显示和处理。

(6)图像去扭曲。案例:在图像拍摄或处理过程中可能会产生扭曲,如桶形扭曲或枕形扭曲。图像去扭曲算法(如几何变换、透视校正等)可以纠正这些扭曲,使图像恢复正常。

(7)3D 模型重建。案例:通过多个角度拍摄的 2D 图像,可以使用计算机视觉技术重建 3D 模型。这通常涉及立体匹配、多视图几何重建等算法。

这些案例展示了人工图像复原技术在不同领域中的应用,通过这些技术可以解决数字图像在获取、处理和传输过程中可能遇到的各种问题,从而提高图像的质量和可用性。

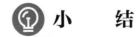

小　　结

本章探讨了图像复原的概念、技术和应用。图像复原是指从退化的图像中恢复出原始图像的过程,退化可能由多种因素造成,如噪声、模糊、失真等。图像复原的目标是恢复图像的质量,使其尽可能接近原始场景的真实表示。

退化模型:图像复原过程通常需要一个退化模型,它描述了图像从原始状态到观测状态的变化过程。这个模型可以帮助我们理解图像退化的原因,并据此设计恢复算法。

复原算法:复原算法根据退化模型,采用不同的数学和计算技术来恢复图像。常见的算法包括逆滤波、全变分去噪、非局部均值去噪、频域复原等。

约束条件:在复原过程中,我们可能需要施加一些约束条件来保证恢复的图像满足特定的要求,如保持图像的边缘、结构或者某些物理特性。

此外,图像复原技术在许多领域都有广泛的应用,如天文观测、医学成像、数字摄影、视频处理等。通过复原技术,可以提高图像质量,增强图像的可读性和可用性。

总结来说,图像复原是一个涉及复杂数学模型和算法的领域,它通过理解和利用图像的退化模型,采用各种复原技术,来恢复图像的原始质量。这对于提高图像的可用性和分析性能至关重要。

思考与练习

一、选择题

1. 图像复原的目的是(　　)。
   A. 提高图像的视觉吸引力
   B. 恢复由于传输错误或存储损坏而丢失的数据
   C. 改善图像的分辨率
   D. 减少图像中的噪声

2. 在图像处理中,(　　)操作可以用于去除由运动引起的模糊。
   A. 锐化　　　　　B. 去噪　　　　　C. 解卷积　　　　　D. 直方图均衡化

3. 以下哪一项不是灰度内插方法?(　　)。
   A. 最近邻元法　　　　　　　　B. 双线性内插法
   C. 三次内插法　　　　　　　　D. 均值滤波

4. 在图像复原中,点扩散函数被用来描述(　　)。
   A. 图像的几何失真　　　　　　B. 图像的色彩失真
   C. 图像的模糊程度　　　　　　D. 图像的噪声水平

5. 以下方法中,(　　)通常用于从多个模糊图像中复原出清晰图像。
   A. 超分辨率重建　　　　　　　B. 边缘检测
   C. 纹理映射　　　　　　　　　D. 色彩校正

二、填空题

1. _____是一种常见的逆滤波技术,它试图通过除以点扩散函数来抵消图像模糊。

2. _____是一种基于统计的复原方法,它考虑了图像信号和噪声的统计特性。

3. _____是衡量图像复原效果的一个重要指标,它反映了复原后图像与原始未退化图像的相似程度。

4. _____是一种复原技术,它利用图像序列中的信息来估计缺失的数据或提高数据质量。

5. _____是通过结合多幅低分辨率图像来形成一幅高分辨率图像的过程。

三、判断题

1. 任何情况下,图像复原都能完全恢复原始图像。　　　　　　　　　　　　(　　)
2. 在频率域内,复原滤波器可以通过零值去除模糊。　　　　　　　　　　　(　　)
3. 盲解卷积是指同时对多个模糊核进行解卷积的过程。　　　　　　　　　　(　　)
4. 一般情况下,增加图像采集设备的像素数量可以提高复原后图像的质量。　(　　)
5. 图像复原通常需要有关退化过程的先验知识。　　　　　　　　　　　　　(　　)

四、简答题

1. 简述图像复原与图像增强的主要区别。
2. 解释什么是点扩散函数,并简述其在图像复原中的作用。
3. 描述逆滤波在图像复原中的基本概念及其局限性。
4. 简述为什么在频率域进行图像复原时,通常需要使用一个正则化项。
5. 解释何谓"盲解卷积",以及它在图像复原中的应用。

五、论述题

1. 讨论在没有精确的退化模型时,图像复原可能面临的挑战,并提出可能的解决方案。
2. 比较频率域和空间域复原技术的优缺点,并举例说明各自的适用情况。
3. 阐述维纳滤波器在图像复原中如何平衡去模糊效果和噪声放大问题。
4. 分析总变差正则化方法在图像复原中的用途及其优势。
5. 探讨如何利用多幅图像信息来提高复原过程的效果,特别是在处理低光照或高噪声条件下的图像时。

实　　训

1. 使用逆滤波进行图像复原。已知一个模糊的图像和一个已知的点扩散函数,要求使用逆滤波技术来复原图像。

说明:

①需要先在频率域内计算模糊图像和 PSF 的傅里叶变换。

②执行除法操作,用模糊图像的傅里叶变换除以 PSF 的傅里叶变换。

③对得到的结果执行逆傅里叶变换以获得复原后的图像,并对复原结果进行评价。

2. 使用维纳滤波器进行图像复原。根据一个由噪声引起的退化图像和一个点扩散函数,实现一个维纳滤波器来复原该图像。

说明:

①计算退化图像和 PSF 的傅里叶变换。

②计算功率谱密度,包括图像和噪声的功率谱密度,并利用这些信息构建维纳滤波器。

③通过将退化图像的傅里叶变换与维纳滤波器相乘来实现复原。

④执行逆傅里叶变换来获取复原后的图像,并进行质量评估。

3. 综合实训:图像去模糊实验(逆滤波方法)。

【实训目标】

学习使用 Python 实现图像去模糊,特别是使用逆滤波方法。理解逆滤波在图像去模糊中的应用和原理。熟悉 Python 的图像处理库,如 OpenCV,提高了编程实践能力和对图像处理算法的理解。

【实验环境】

操作系统:Windows 10;编程语言:Python 3.8;图像处理库:OpenCV 4.5.5;开发工具:PyCharm。

【实训描述】

使用 OpenCV 库读取模糊图像后,应用逆滤波方法对图像进行去模糊处理。对比处理前后的图像,评估去模糊效果。

【实训步骤】

(1)使用 OpenCV 库读取一幅模糊图像。

(2)应用逆滤波方法对图像进行了去模糊处理,模糊后的图像在视觉上更加清晰,模糊效果得到有效抑制。

(3)通过实验对比,评估去模糊效果。

代码如下:

```python
import cv2
import numpy as np
#读取图像
image = cv2.imread('blurred_image.jpg', cv2.IMREAD_GRAYSCALE)
#应用逆滤波进行去模糊
#首先,计算图像的傅里叶变换
dft = cv2.dft(np.float32(image),flags=cv2.DFT_COMPLEX_OUTPUT)
dft_shift = np.fft.fftshift(dft)
#创建一个与图像大小相同的零矩阵
img_filter = np.zeros_like(image)
#设置模糊核
#这里假设模糊核是一个5x5的均值滤波器
kernel = np.ones((5, 5)) / 25
#将模糊核转换为频率域
kernel_dft = cv2.dft(np.float32(kernel),flags=cv2.DFT_COMPLEX_OUTPUT)
kernel_dft_shift = np.fft.fftshift(kernel_dft)
#应用逆滤波
img_filter = cv2.mulSpectrums(dft_shift, kernel_dft_shift, cv2.DFT_INVERSE)
img_filter = np.fft.ifftshift(img_filter)
img_filter = cv2.idft(img_filter, flags=cv2.DFT_COMPLEX_OUTPUT)
img_filter = cv2.magnitude(img_filter[:, :,0], img_filter[:, :, 1])
#展示原始图像和去模糊后的图像
cv2.imshow('Original Image', image)
cv2.imshow('Denoised Image', img_filter)
cv2.waitKey(0)
cv2.destroyAllWindows()
```

第 7 章 图像编码与压缩

学习目标

1. 了解图像编码与压缩的基本概念,包括它们的定义、目的和应用领域。
2. 理解图像数据的特性,包括像素间的相关性、颜色空间表示和视觉感知特性,这些特性是编码与压缩方法设计的基础。
3. 理解无损统计编码(如行程编码、霍夫曼编码、香农-范诺编码)和有损统计编码(如预测编码、变换编码)的原理和实现方法,理解它们的工作原理和适用场景。
4. 掌握有损压缩技术,如变换编码(如离散余弦变换)、矢量量化、子带编码、基于小波的压缩算法等,以及它们在各种图像和视频编码标准中的应用。
5. 熟悉二值图像的基本特性,包括像素值的唯一性(0 或 1),以及二值图像在表示上的简洁性;学习二值图像的各种编码方法,如全局阈值法、Ostu 方法、局部阈值法等。
6. 熟悉国际上广泛使用的图像编码标准,如 JPEG、JPEG 2000、PNG 等,以及视频编码标准,如 MPEG 系列、H.26x 系列。
7. 学习高光谱图像的基本特性,包括光谱连续性、波段之间的高度相关性以及图像中的噪声特性等;理解 KLT 算法的原理,包括特征点检测、特征匹配、图像变换和图像流场计算等关键步骤;学习如何将分类 KLT 技术与图像压缩编码技术(如 DCT、DWT 等)结合,实现高光谱图像的有效压缩。
8. 认识到图像编码与压缩在不同领域(如数字摄影、医学成像、卫星图像传输等)的应用,并了解当前的研究动态和技术发展趋势。

通过设置相应的学习目标将有助于读者系统地学习图像处理和分析的基本概念和技术,以便更深入地理解和应用这些方法。

知识导图

图像编码是用于减少图像数据量的过程,而图像压缩是通过消除冗余信息来高效存储和传输图像数据的技术。

图像编码的目的是将图像数据转化为更适合存储或传输的格式。这通常涉及利用图像内容的空间和时间相关性,去除冗余信息,从而减少所需的数据量。图像编码技术包括自适应编码、颜色表示方法、霍夫曼编码等。

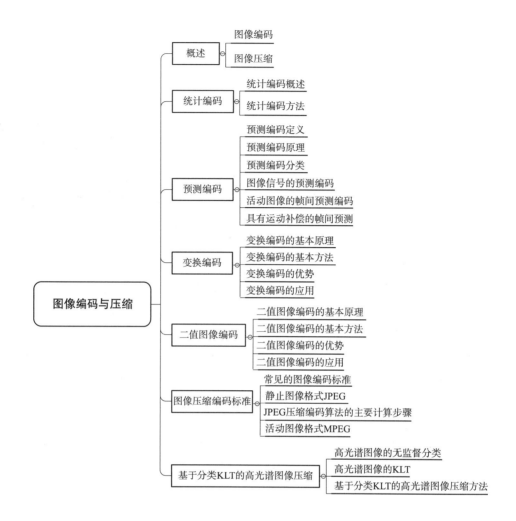

图像压缩则是在保证一定图像质量的前提下,尽可能减少图像文件的大小。它主要基于两种类型的压缩:无损压缩和有损压缩。无损压缩能够完全恢复原始图像数据,而有损压缩则在压缩过程中舍弃一些信息,无法完全恢复原图。常见的图像压缩技术有基于小波基的压缩算法、矩阵奇异值分解等。这些技术可以显著减小图像文件大小,降低存储成本和加快传输速度,但可能会牺牲一定的图像质量。

总之,图像编码与压缩是数字图像处理中不可或缺的部分,它们使得大量图像数据的存储和传输成为可能。

7.1 概述

图像编码与压缩是一种通过减少图像数据中的冗余信息,来降低存储空间和传输带宽需求的技术。图像编码与压缩的必要性主要源于图像数据的庞大体量。由于图像中存在大量的冗余信息,例如编码冗余、像素间冗余以及心理视觉冗余,这些冗余可以被利用来压缩数据,从而节省存储空间和传输资源。

7.1.1 图像编码

图像编码是一种通过减少图像数据中的冗余信息来表示图像或图像中所包含信息的技术,旨在用较少的比特数达到满足一定质量要求。

图像编码的过程通常涉及以下几个关键概念和步骤:

(1)数据冗余:图像中存在多种类型的冗余信息,如空间冗余、时间冗余、编码冗余等。这些冗余是图像编码技术压缩数据的基础。

(2)编码器:编码器是执行编码过程的设备或算法,它将原始图像数据转换为压缩后的格式。编码器的设计需要考虑到如何有效地去除冗余信息。

(3)映射器与量化器:映射器将图像数据映射到更适合压缩的形式,而量化器则在这个过程中确定数据的精度,这通常涉及一定程度的信息损失。

(4)解码器:解码器的作用是将编码后的数据恢复为图像,这在图像显示或进一步处理时是必要的。解码器需要能够正确解读编码器生成的数据。

此外,图像编码技术可以分为无损编码和有损编码两大类。无损编码允许完整地重建原始图像,而有损编码则在压缩过程中舍弃了一些信息,只能得到近似的重建图像。总的来说,图像编码是一个复杂的过程,它结合了多种技术和方法来实现数据的有效压缩,同时尽可能保持图像的质量。

7.1.2 图像压缩

数据压缩的研究内容包括数据的表示、传输、变换和编码方法,目的是减少存储数据所需的空间和传输所用的时间。图像压缩就是在一个可以接受的还原状况的前提下用尽可能少的比特数来表示源信号,即把需要存储或传输的图像数据的比特数减少到最小程度。图像压缩是通过编码实现的。

1. 图像编码技术的研究背景

图像编码技术的研究背景是随着多媒体、数字通信以及计算机网络技术的快速发展,图像采集设备得以普及且采集分辨率得到了提升,需要传输存储的图像数据大量增加。由于图像数据量巨大,传统的传输和存储方式已经无法满足需求,因此图像的压缩编码技术成为解决图像数据传输存储的重要环节。

图像编码技术的主要目标是在保证图像质量的前提下,尽可能地减少图像数据的存储空间和传输带宽。近年来,图像编码技术在军事、遥感、医疗、安防等领域发挥着重要作用,对于提升我国相关产业的技术水平、增强国家竞争力具有重要意义。此外,随着人工智能、大数据等技术的发展,图像编码技术在深度学习、计算机视觉等领域也得到了广泛的应用。在这些领域中,图像编码技术可以为算法模型提供高效的数据处理和传输方式,从而提高整个系统的性能和效率。

2. 信息传输方式发生了很大的改变

(1)通信方式的改变:通信方式的改变是指信息传输和交流的方式随着技术的发展而发生的变化。从早期的信使、烽火、电报,到电话、广播、电视,再到如今的互联网、移动通信和社交媒体,通信方式的演进极大地影响了人们的生活和社会的发展。

(2)通信对象的改变:随着人工智能技术的发展,机器逐渐成为信息传播的重要对象。例如,智能家居设备可以接受并执行人们的指令,实现与人的通信交互。随着虚拟现实技术的发展,通信对象不再局限于现实中的人和群体,还可以包括虚拟世界中的角色和实体。这使得信息传播和交流的方式更加丰富和多样化。

3. 图像传输与存储需要的信息量空间

(1)彩色视频信息。对于电视画面的分辨率 640×480 的彩色图像,每秒 30 帧,则一秒的数据量为:$640 \times 480 \times 24 \times 30 = 210.94$ MB 所以播放时,需要 211 Mbit/s 的通信回路。参考数据:宽带网的传输速率为 2 048 kbit/s。存储时,1 张 DVD 可存 4.7 GB,则仅可以存放 22.8 s 的数据。

(2)传真数据。如果只传送 2 值图像,以 200 dpi 的分辨率传输,一张 A4 稿纸的内容的数据量为:$165423371 = 3\ 888\ 768$ bit,按 64kbit/s 的电话线传输速率,需要传送的时间是 59.3 s。

4. 图像通信系统模型

图像通信系统模型是信息论中的一个重要概念,它涉及将图像信息从一个地点传输到另一个地点的过程。一个标准的图像通信系统模型通常包括以下几个基本部分:

(1)信源(source):信源是信息的起源,它产生并发送待传输的图像数据。这些数据可以是静态图片或动态视频。图像数据可以分为离散信源和连续信源。离散信源产生的数据是离散时间上的离散符号,例如数字化的图片;而连续信源则可能在连续时间内产生数据,如模拟的视频信号。

(2)信道编码器(channel encoder):信道编码器的任务是对信源产生的数据进行编码,增加冗余信息以便在接收端进行错误检测和纠正。这一步骤确保了信号在传输过程中的可靠性和稳定性。

(3)调制器(modulator):调制器负责将数字信号转换为适合在传输信道中传播的模拟信号。例如,在无线通信中,数字信号需要通过调制转换为相应的模拟信号,如调幅(AM)或调频(FM)。

(4)信道(channel):信道是信号传输的路径,可以是有线或无线媒介。信号在信道中传输时可能会受到噪声的影响,从而导致信号质量的下降。

(5)解调器(demodulator):解调器的作用是将接收到的模拟信号转换回数字信号。这是调制过程的逆过程。

(6)信道解码器(channel decoder):信道解码器检测并纠正传输过程中可能产生的错误。它对信号进行解码,以恢复出原始的图像数据。

(7)信宿(destination):信宿是信息的接收端,它对接收到的图像数据进行处理和展示,例如在显示屏上显示图像。

图 7-1 的模型描述了一个理想化的通信系统,实际应用中,这个模型可能需要根据具体的通信技术和设备进行调整和扩展。例如,在设计高速图像通信系统时,可能会涉及图像采集模块、图像信号处理和控制模块等,这些模块的设计和实现需要考虑到图像的分辨率、传输速率、压缩技术等多个因素。在现代通信系统中,还可能包含一些其他组件,如多路复用器、交换机、路由器等,它们负责数据的交换和路由选择,以适应复杂的网络环境和应用需求。

5. 图像冗余无损压缩的原理

图像冗余无损压缩的原理是通过消除或减少数据中的冗余度来实现数据量的减少,同时确

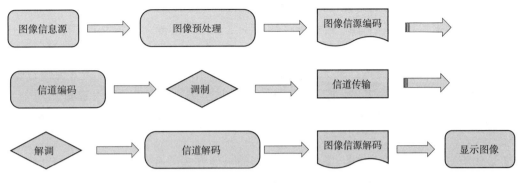

图 7-1 流程图

保解压后的数据与原始数据完全一致。图像冗余无损压缩的过程通常包括以下几个基本环节（见图 7-2）：

（1）变换：将图像数据从一种形式转换为另一种形式，以便于后续的量化和编码。例如，可以通过傅里叶变换或其他类型的变换将图像从空间域转换到频率域。

（2）量化：在这个过程中，不是所有的数据都会被使用。量化的目的是减少表示图像所需的数据量，同时尽量保持图像的质量。

（3）编码：利用信源的统计特性或建立信源的统计模型，对数据进行编码。常用的编码方法包括霍夫曼编码、行程编码等。这些编码方法能够有效地减少数据中的冗余度。

总的来说，图像冗余无损压缩的目标是在不损失任何原有信息的前提下，尽可能减少数据的大小。这对于存储空间有限或者需要快速传输数据的应用来说非常重要。

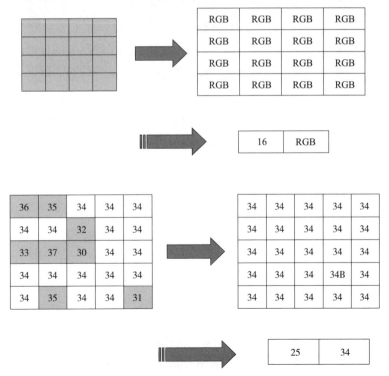

图 7-2 图像冗余无损压缩的环节

6. 图像压缩的必要性与可能性

(1)图像数据压缩的必要性。图像数据的特点之一是信息量大。海量数据需要巨大的存储空间。

在现代通信中,图像传输已成为重要内容之一。采用编码压缩技术,减少传输数据量,是提高通信速度的重要手段。可见,没有图像编码与压缩技术的发展,大容量图像信息的存储与传输是难以实现的,多媒体、信息高速公路等新技术在实际中的应用会遇到很大困难。

(2)图像数据压缩的可能性。图像数据压缩的可能性主要在于消除数据中的冗余信息。图像数据之所以能够被压缩,主要是因为存在各种形式的冗余,这些冗余可以是空间上的、时间上的,或者是基于人的视觉感知的。

从信息论观点看,图 7-3 描述图像信源的数据由有用数据和冗余数据两部分组成,I 表示信息量,D 表示数据量,du 表示冗余量。

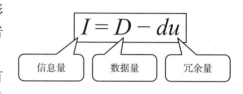

图 7-3 图像信元数据

冗余量是可以压缩的,在实际应用中应尽量保证去除冗余量而不会减少信息量,即压缩数据在一定条件下可以近似恢复。

7.2 统 计 编 码

7.2.1 统计编码概述

统计编码(statistical coding)是信息论和数据压缩领域的一种重要编码方法,它的基本原理是根据消息出现的概率或频率来进行编码,以达到最小化平均码长的目的。在统计编码中,出现频率高的消息被赋予较短的码字,而出现频率低的则被赋予较长的码字,这样可以有效地压缩数据。

统计编码的主要目的是减少消息的冗余性,冗余性的存在意味着信息中包含的某些部分是可以预测的或者是重复的。统计编码通过消除这种冗余性来压缩数据,从而提高传输效率或节省存储空间。

统计编码的基本步骤通常包括:

(1)消息的统计特性分析:首先需要分析消息中各个符号出现的概率分布。在连续信源的情况下,还需要考虑消息的连续概率密度函数。

(2)码字分配:根据消息符号的概率分布来分配码字。通常,概率高的符号会被分配较短的码字,而概率低的符号则分配较长的码字。这种分配方式确保了高概率符号的编码效率,同时也为低概率符号提供了足够的编码长度以避免错误。

(3)编码与解码:使用分配好的码字对消息进行编码,并在需要时进行解码。编码过程将消息转换为更紧凑的格式,而解码过程则将编码后的数据还原为原始消息。

统计编码的有效性取决于消息符号的概率分布。如果消息中的某些符号远比其他符号常见,那么使用基于这些符号概率分布的统计编码可以实现显著的数据压缩。

统计编码在数据压缩领域有着广泛的应用,例如在 JPEG 图像压缩标准中,就使用了基于统计特性的编码技术来减少图像数据的冗余性。在实际应用中,为了提高压缩效率和保证数据的可靠性,通常会结合多种编码技术使用。

7.2.2 统计编码方法

1. 行程编码

(1)基本原理:

行程编码(run length encoding,RLE)是一种简单的数据压缩技术,它通过记录连续出现的相同值的数量和该值本身来减少数据的冗余。RLE 的主要原理是检测数据中的重复序列,并将这些序列转换成更加紧凑的表示形式。

RLE 的基本步骤如下:

检测重复序列:遍历数据序列,查找连续的重复值。如果检测到连续的重复值,将这些重复值的长度(即重复次数)和值本身记录下来。

编码:对于检测到的每个重复序列,使用一个计数器来记录该序列的长度,同时将该序列的第一个值记录下来。这个值和计数器的值一起构成了编码后的数据。

记录非重复部分:对于数据中不连续的部分,即非重复值,直接将这些值按照出现的顺序记录下来。

(2)举例说明:

假设有一个数据序列"AAAABBBBBCCCC",使用 RLE 进行编码后,可以得到"4A3B4C"。这里"4A"表示字母'A'连续出现了 4 次,"3B"表示字母'B'连续出现了 3 次,"4C"表示字母'C'连续出现了 4 次。

(3)应用分析:

适合二值图像和计算机生成图像:RLE 特别适合于二值图像或者计算机生成的图像,这些图像中经常有大面积的单一颜色区域。在这种情况下,RLE 可以大大减少所需的存储空间。

不适用于连续色调图像:对于连续色调的图像,如日常生活中的照片,RLE 的效果不佳,因为它无法有效地压缩图像中的复杂颜色变化。

压缩比依赖于图像特点:RLE 的压缩效果很大程度上依赖于图像本身的特点。如果图像中有很多颜色相同的块,且块的大小较大,RLE 能够实现较高的压缩比。

无损压缩:RLE 是一种无损压缩技术,这意味着压缩后的数据可以完全还原到原始数据,不会丢失任何信息。

压缩和解压缩速度快:RLE 的压缩和解压缩算法简单,运算速度快,这使得它非常适合于需要快速处理数据的场合。

2. 霍夫曼编码

(1)基本原理:

霍夫曼编码是一种基于熵的贪心算法,用于构建最优的前缀编码树,从而实现数据的压缩。基本霍夫编码系统如图 7-4 所示。熵编码是一种无损压缩技术,它通过为出现频率高的符号分配较短的编码,而频率低的符号分配较长的编码,来减少数据的冗余度。

霍夫曼编码的基本原理和步骤如下：

①统计符号出现的频率：需要计算待编码消息中每个符号出现的频率或概率。这些频率或概率反映了每个符号在消息中的重要程度。

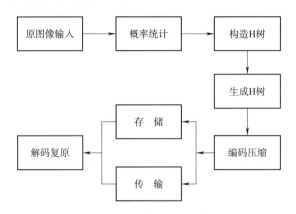

图 7-4　基本霍夫曼编码系统框图

②构建优先队列：将所有符号按照频率（或概率）从低到高排列，并放入一个优先队列中。优先队列通常是一个二叉堆，可以确保每次都能取出频率最小的两个符号。

③构建霍夫曼树：每次从优先队列中取出两个频率最小的符号，将它们合并为一个新节点，新节点的频率是这两个符号频率的和。这个新节点然后被放入优先队列中。重复这个过程，直到优先队列中只剩下一个节点，这个节点就是霍夫曼树的根节点。

④分配编码：从根节点开始，为霍夫曼树中的每个节点分配一个二进制编码。规则是：如果左分支代表 0，右分支代表 1。这样，每个符号都可以根据它在霍夫曼树中的路径得到一个唯一的编码。

⑤生成编码表：根据霍夫曼树，可以为每个符号生成一个唯一的编码，这个编码表可以用来对原始消息进行编码。

(2)举例说明：

假设有一个符号集$\{A, B, C, D, E\}$和它们的频率$\{0.45, 0.13, 0.12, 0.06, 0.04\}$，通过霍夫曼编码过程，可以得到以下编码表：

A：11

B：101

C：100

D：011

E：010

使用这个编码表对原始消息进行编码，可以显著减少消息的长度。例如，原始消息"ABCDEABCD"会被编码为"11101101100"，这样就节省了存储空间。

(3)特点和优势：

最优前缀编码：霍夫曼编码保证为源符号集构建一棵最优的前缀编码树，从而使得平均码长达到最小。

适应性：霍夫曼编码适应性强，可以处理符号出现概率分布不同的消息。

无损压缩:霍夫曼编码是无损的,即压缩和解压缩过程中不丢失任何信息。

高效压缩:对于出现频率高的符号,霍夫曼编码可以实现高效的压缩。

霍夫曼编码在数据压缩、通信编码和文件格式等多个领域都有广泛应用。它是一种非常实用的熵编码技术,能够有效地减少数据的冗余度,提高数据传输和存储的效率。

3. 香农-范诺编码

(1)基本原理:

香农-范诺编码(Shannon-Fano Coding)是一种基于一组符号集及其出现的或然率(估量或测量所得),从而构建前缀码的技术。一般过程:符号从最大可能到最少可能排序,将排列好的信源符号分化为两大组,使两组的概率和近于相同,并各赋予一个二元码符号0和1。只要有符号剩余,以同样的过程重复这些集合以此确定这些代码的连续编码数字。依次下去,直至每一组的只剩下一个信源符号为止。当一组已经降低到一个符号,显然,这意味着符号的代码是完整的,不会形成任何其他符号的代码前缀。

香农-范诺的树是根据旨在定义一个有效的代码表的规范而建立的。实际的算法很简单:

①对于一个给定的符号列表,制定了概率相应的列表或频率计数,使每个符号的相对发生频率是已知。

②排序根据频率的符号列表,最常出现的符号在左边,最少出现的符号在右边。

③清单分为两部分,使左边部分的总频率和尽可能接近右边部分的总频率和。

④该列表的左半边分配二进制数字0,右半边是分配的数字1。这意味着,在第一半符号代(即左子数)都是将所有从0开始,第二半的代码都从1开始。

⑤对左、右半部分递归应用步骤③和④,细分群体,并添加位的代码,直到每个符号已成为一个相应的代码树的叶。

(2)举例说明:

表7-1展示了一组字母的香农-范诺编码结构,这五个可被编码的字母有如下出现次数:

表7-1 香农-范诺编码

字母	A	B	C	D	E
出现次数	15	7	6	6	5
概率	0.38461538	0.17948718	0.15384615	0.15384615	0.12820513

从左到右,所有的符号以它们出现的次数划分,如图7-5(a)所示。在字母B与C之间划定分割线,得到了左右两组,如图7-5(b)所示总次数分别为22,17,这样就把两组的差别降到最小。通过这样的分割,A与B同时拥有了一个以0为开头的码字,C、D、E的码字则为1。随后,在树的左半边,于A、B间建立新的分割线,这样A就成为码字为00的叶子节点,B的码字01,如图7-5(c)所示。经过四次分割,得到了一个树形编码,如图7-5(d)所示。在最终得到的树中,拥有最大频率的符号被两位编码,其他两个频率较低的符号被三位编码,见表7-2。

表7-2 树形编码

符号	A	B	C	D	E
编码	00	01	10	110	111

根据A、B、C两位编码长度,D、E的三位编码长度,最终的平均码字长度是

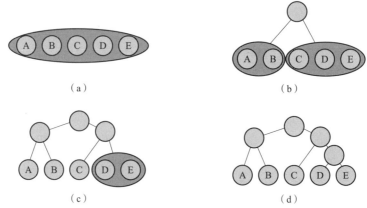

图 7-5 树形图

$$\text{Entropy}:\frac{2\text{Bit}\times(15+7+6)+3\text{Bit}\times(6+5)}{39\text{ Symbol}}\approx 2.28\text{Bits per Symbol}$$

香农-范诺编码的效率不高,实用性不大,但对其他编码方法有很好的理论指导意义。一般情况下,按照香农-范诺编码方法编出来的码,其平均码长不是最短的,即不是紧致码(最佳码)。只有当信源符号的概率分布使不等式左边的等号成立时,编码效率才达到最高。

7.3 预测编码

7.3.1 预测编码定义

预测编码是数据压缩理论的一个重要分支。根据离散信号之间存在一定相关性特点,利用前面的一个或多个信号对下一个信号进行预测,然后对实际值和预测值的差(预测误差)进行编码。如果预测比较准确,那么误差信号就会很小,就可以用较少的码位进行编码,以达到数据压缩的目的。

第 n 个符号 X_n 的熵满足:

$$H(x_n)\geqslant H(x_n|x_{n-1})\geqslant H(x_n|x_{n-1}x_{n-2})\geqslant\cdots\cdots\geqslant H(x_n|x_{n-1}x_{n-2}\cdots x_1)$$

n 越大考虑更多元素之间的依赖关系时,熵值进一步降低,得到的熵越接近于实际信源所含的实际熵(极限熵)。

$$\lim_{n\to\infty}H_n(X)=\lim_{n\to\infty}H_n(X_n|X_{n-1}X_{n-2}\cdots X_1)$$

所以参与预测的符号越多,预测就越准确,该信源的不确定性就越小,数码率就可以降低。

7.3.2 预测编码原理

预测编码是一种广泛应用于数据压缩的技术,其基本原理是利用图像或其他连续信号之间存在的空间和时间相关性来预测下一像素或信号的值。具体来说:

(1)预测过程:通过对相邻像素或信号的相关性分析,可以得到当前像素或信号的一个预测值。这个预测值是通过计算前一个像素或信号的值加上一定的偏差得到的。

(2)编码步骤:将实际值与预测值之间的差异(预测误差)进行量化编码。通过这种方式,可以在不损失太多信息的情况下减少所需的传输比特数,从而达到压缩数据的目的。

(3)编码类型:预测编码有多种变体,包括脉冲编码调制(PCM)、差分脉冲编码调制(DPCM)和自适应差分脉冲编码调制(ADPCM),这些都是适用于声音和图像数据压缩的方法。这些方法的优点是可以在不牺牲太多质量的前提下实现较高的压缩率。

(4)预测算法的选择:预测编码的关键在于选择合适的预测算法。这通常依赖于图像信号的概率分布。在实际应用中,可能会根据统计结果简化概率分布,并设计出最佳的预测器。此外,有些情况下会使用自适应预测器来更好地描述图像信号的局部特性和提高预测效率。

(5)帧内和帧间预测编码:预测编码可以分为帧内预测编码和帧间预测编码。帧内预测编码是在同一帧内的像素之间进行预测;而帧间预测编码则是跨帧进行预测,利用不同帧之间的相关性来提高压缩效果。

综上所述,预测编码的基本原理是通过预测和编码相邻像素或信号之间的差异来实现数据压缩。

7.3.3 预测编码分类

预测编码是一种利用数据的统计特性和先前数据样本来预测当前数据值的技术,并将预测误差进行编码和存储的数据压缩方法。根据不同的预测模型和应用场景,预测编码可以分为以下几类:

(1)线性预测编码:它使用线性方程来计算预测值。这种方法简单且计算量较小,但可能无法捕捉到数据中的非线性关系。

(2)非线性预测编码:利用非线性方程来计算预测值,能够更好地处理数据中的非线性关系,但计算通常更为复杂。

(3)最佳预测编码:在最小化均方误差的原则下,寻找最佳的预测模型,以获得最小的误差信号。

(4)帧内预测编码:这种方法利用同一帧内的相邻像素来进行预测,主要用于消除空间冗余。

(5)帧间预测编码:通过利用不同帧之间的相关性来预测,主要用于消除时间冗余,如在视频压缩中应用广泛。

(6)自适应预测编码:根据数据的特性和当前的压缩需求动态调整预测模型,以适应不同的压缩场景。

(7)差分脉冲编码调制:这是预测编码的一种特殊形式,它只对预测值和实际值之间的差(即误差信号)进行编码。

(8)自适应差分脉冲编码调制:类似于DPCM,但它能够自适应地调整预测器的参数,以更好地适应信号的变化。

(9)基于上下文的预测编码:这种方法考虑了数据信号之间的复杂相关性,利用先前的符号来预测当前的符号,并编码预测误差。

(10)快速算法:为了提高预测编码的实时处理能力,研究人员开发了许多快速的算法,如基于块的预测编码方法等。

每种预测编码方法都有其特定的应用背景和优势。在实际应用中,为了达到更高的压缩比和更好的压缩质量,通常会结合使用多种预测编码技术。

7.3.4 图像信号的预测编码

一幅数字图像可以看成一个空间点阵,图像信号不仅在水平方向是相关的,在垂直方向也是相关的,如图7-6所示。根据已知样值与待预测样值间的位置关系,可以分为:

(1)一维预测(行内预测):利用同一行上相邻的样值进行预测。

(2)二维预测(帧内预测):利用同一行和前面几行的数据进行预测。

在三邻域预测法中,a、b、c分别代表当前像素周围的三个邻域采样值,而X表示当前像素的实际值。这种压缩算法被应用到JPEG标准的无损压缩模式之中,中等复杂程度的图像压缩比可达到2:1。

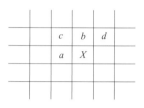

图7-6 三邻预测法

无损JPEG:这是一种图像文件格式,它是JPEG标准的一部分,用于无损压缩图像数据。

差分脉冲编码调制/霍夫曼编码:差分脉冲编码调制结合霍夫曼编码是一种图像压缩技术。

差分脉冲编码调制/算术编码:类似于上述方法,这里也是先使用DPCM进行差分编码,但接下来使用的是算术编码而不是霍夫曼编码。

DPCM at 1.0 bpp:这是指使用差分脉冲编码调制技术,并且每个像素的编码平均比特数(bit per pixel, bpp)为1.0的压缩方式,同理,DPCM at 2.0 bpp是指使用该方法,每个像素用2个比特进行编码;DPCM at 3.0 bpp是每个像素用3个比特进行编码,其处理效果对比如图7-7所示。

(a)每个像素用1个比特进行编码

(b)每个像素用2个比特进行编码

图7-7 差分脉冲编码调制方法压缩对比

(c)每个像素用3个比特进行编码

图 7-7　差分脉冲编码调制方法压缩对比(续)

7.3.5　活动图像的帧间预测编码

活动图像的帧间预测编码是视频压缩技术中的一个关键环节,其主要目的是消除视频序列中相邻帧之间的冗余信息,从而实现高效的数据压缩。在这个过程中,编码器利用图像序列的时间相关性,通过预测当前帧的内容,然后仅存储预测值与实际值之间的差异(即残差),从而大大减少需要编码的数据量。

帧间预测编码的核心在于运动估计和运动补偿两个技术环节。

1. 运动估计

编码器首先需要确定当前帧中的每个像素块在参考帧中的最佳匹配块,这一过程称为运动估计。运动估计通常基于块匹配算法,如全搜索算法(FS)、贪婪搜索算法(GS)或快速算法(如最邻近搜索、双向搜索等)。在 H.264/AVC 和 HEVC 等编码标准中,运动估计是针对 16×16、8×8 和 4×4 的不同大小的亮度块进行的。

2. 运动补偿

根据运动估计得到的运动矢量,编码器随后对参考帧进行相应的位移(即运动补偿),以生成当前帧的预测版本。这个预测版本与实际当前帧的差异就是残差信号。运动补偿的过程实际上是尝试最精确地复现当前帧的内容,从而减少实际编码的数据量。

为了进一步提高压缩效率,帧间预测编码还引入了各种预测模式,如前向预测、后向预测和双向预测。前向预测仅使用前一个帧进行预测,而后向预测则使用后一个帧。双向预测则综合前向和后向的信息。这些预测模式的选择依据是编码器根据预先定义的算法,计算出各自模式的编码效率,并选择最合适的模式进行编码。

在实际应用中,为了提升压缩性能和编码效率,编码器制造商不断研发新技术,如华为公司提出的帧间预测专利技术,旨在通过改进运动估计的方法来提升帧间预测的效率。这些技术的应用使得视频压缩技术不断进步,更好地满足了高清、4K/8K 视频传输和存储的需求,同时也为网络带宽的节省和视频传输的实时性提供了支持。

7.3.6　具有运动补偿的帧间预测

具有运动补偿的帧间预测是视频压缩编码中的一个重要技术,它通过利用视频帧之间的时空相关性来减少需要编码的数据量。具体来说,这一技术通过预测当前帧的内容,然后仅存储实际内容与预测内容之间的差异(即残差),从而实现高效的数据压缩。

帧间预测的基本思想是利用先前已编码帧的内容来预测当前帧的内容。这个预测过程通常基于块匹配算法,如全搜索算法、贪婪搜索算法或快速算法(如最邻近搜索、双向搜索等)。在 H.264/AVC 和 HEVC 等编码标准中,帧间预测是针对不同大小的亮度块进行的。

运动补偿帧间预测从原理上包括如下几个基本步骤:

(1)运动估计(motion estimation,ME):这个步骤的目的是找到当前帧与参考帧之间的最佳匹配块。通过在参考帧中搜索与当前帧中的宏块最相似的宏块,并确定其相对位置,从而得到运动矢量(motion vector,MV)。运动矢量表示了宏块在时间上的移动情况。

(2)运动矢量编码(motion vector coding):找到的运动矢量需要被编码并传输。由于相邻宏块的运动矢量往往具有相关性,因此可以通过差分编码或其他变换方法来减少编码所需的位数。

(3)运动补偿(motion compensation,MC):使用运动矢量来修正参考帧中的宏块位置,从而得到当前帧的预测宏块。这个过程称为运动补偿。预测宏块与原始宏块之间的差异,即预测误差或残差,将被送去后续的编码处理,其原理参考图 7-8。

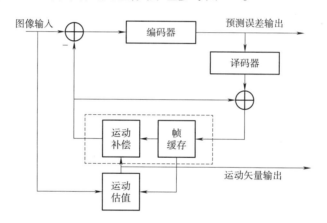

图 7-8　运动补偿帧间预测原理

(4)残差编码(residual coding):当前帧的原始宏块与通过运动补偿得到的预测宏块之间的差异(残差)需要被编码。通常,这个残差块会通过变换(如离散余弦变换)和量化进一步压缩。

(5)熵编码(entropy coding):最后,运动矢量和残差数据会通过熵编码(如霍夫曼编码或算术编码)进行进一步压缩。熵编码是一种无损压缩技术,它根据数据中各符号出现的概率进行编码,常见符号使用短码,不常见符号使用长码,从而进一步减少数据的总体位数。

7.4　变换编码

变换编码是一种重要的信息压缩技术,广泛应用于数字图像、视频和音频信号的处理中。其主要目的是通过减少数据中的冗余信息来降低信号的比特率,同时尽量保持信号的质量。

7.4.1 变换编码的基本原理

编码变换不是直接对空域图像信号进行编码,而是首先将空域图像信号映射变换到另一个正交矢量空间(变换域或频域),产生一批变换系数,然后对这些变换系数进行编码处理。变换编码是一种间接编码方法,其中关键问题是在时域或空域描述时,数据之间相关性大,数据冗余度大,经过变换在变换域中描述,数据相关性大大减少,数据冗余量减少,参数独立,数据量少,这样再进行量化,编码就能得到较大的压缩比。典型的准最佳变换有 DCT、DFT、WHT Walsh Hadama 变换、Haar 变换等。其中,最常用的是离散余弦变换。

7.4.2 变换编码的基本方法

对于一组给定的时序信号 $Y(t)$,分析这组信号的频率、能量甚至模式等固有的特征或者求解时,可利用如傅里叶变换或小波变换等工具,比直接对 $Y(t)$ 去积分和微分方便得多。这些变换是将时域上的信号 $Y(t)$ 变换到频域上,再进行分析和求解,图像压缩问题亦可以变换到频域上去做。这个过程通常涉及以下几个步骤:

(1)变换:使用如离散余弦变换、离散傅里叶变换、小波变换等数学工具,将空域信号转换成变换域信号。在变换过程中,信号的主要信息通常会集中在变换系数的左端(低频部分),而右端(高频部分)则包含的是相对次要的信息。

(2)量化:对变换后的系数进行量化处理,即减少它们的位数。因为人眼对高频信息不如对低频信息敏感,所以可以牺牲掉一些高频信息以达到压缩的目的。量化的过程会根据预定的量化参数,将变换系数映射到有限的量化级别上。

(3)编码:将量化后的系数进行编码,通常采用熵编码(如霍夫曼编码、算术编码等)进一步减少所需的比特数。编码的目的是将量化后的系数转换成更高效的二进制表示形式。

7.4.3 变换编码的优势

变换编码作为一种数据压缩技术,具有以下优势:

(1)去除冗余:变换编码能够有效地去除数据的冗余信息,尤其是在变换域中,信号的能量通常集中在少数几个变换系数上,这意味着大部分系数可以被压缩或者忽略。

(2)提高压缩效率:通过适当的变换和量化策略,变换编码可以大大减少数据的比特率,而人眼往往难以察觉到这些被删除的信息。

(3)易于实现:变换编码的方法,特别是 DCT,有着成熟的算法和硬件实现,便于在各种平台上实施。

(4)适应不同应用:变换编码技术可以应用于不同的领域,如图像、视频和音频压缩,并且可以适应不同的压缩需求和性能要求。

(5)提高传输效率:通过减少数据的比特率,变换编码可以提高数据的传输效率,这对于带宽受限的通信系统尤为重要。

(6)保持信号质量:尽管变换编码会损失一些信息,但通过合理的选择变换和量化参数,可以在很大程度上保持信号的质量,这对于高质量多媒体传输非常重要。

(7)促进标准化:变换编码在数字多媒体压缩中起到了关键作用,促进了相关标准的制定和实施,如 JPEG、MPEG 和 H.26x 系列标准。

总之,变换编码通过在变换域中去除数据的冗余信息,提高了数据的压缩比,同时保持了足够的信号质量,为数字通信和存储提供了重要的技术支持。

7.4.4 变换编码的应用

变换编码的应用非常广泛,它是在数字图像处理、视频压缩和音频压缩等领域中不可或缺的技术。下面是一些具体的应用实例:

(1)图像压缩:在 JPEG 图像压缩标准中,离散余弦变换被广泛用于压缩静态图像。DCT 能够将图像的像素数据转换到频率域,并有效地压缩那些人眼不敏感的高频信息。

(2)视频压缩:在 MPEG、H.26x(如 H.264/AVC)和其他视频编码标准中,变换编码是核心组件之一。它用于压缩视频帧之间的差异,即预测误差。通过变换编码,可以将预测误差转换成一组系数,然后对这些系数进行量化编码。

(3)音频压缩:在 MP3、AAC 等音频压缩格式中,变换编码也被用来减少音频信号的冗余信息。例如,通过使用傅里叶变换或小波变换,音频信号被转换到频域,以便更好地压缩那些人耳难以察觉的高频成分。

(4)通信系统:在无线通信和卫星通信中,变换编码用于减少传输数据的比特率,从而提高传输效率和可靠性。

(5)数字电视:数字电视标准,如 DVB 和 ATSC,使用变换编码来压缩视频和音频信号,以便在有限的频带上传输更多的内容。

(6)医疗成像:在医学成像领域,如 X 射线、CT 扫描和 MRI,变换编码用于压缩图像数据,以便于存储和传输。

(7)计算机图形学:在 3D 建模和渲染过程中,变换编码可以用于压缩纹理数据,减少存储和传输的需求。

变换编码的优势在于它能够有效地减少数据的冗余度,同时保持信号的质量,这使得它成为现代数字媒体处理中不可或缺的技术。随着技术的发展,变换编码的方法和应用也在不断地演进,以适应更高的压缩率和更广泛的应用需求。

7.5 二值图像编码

7.5.1 二值图像编码的基本原理

二值图像编码是一种特定的图像处理技术,它主要涉及将图像中的每个像素点的灰度值转换为二值(即 0 或 1)。这种编码方法在图像压缩、特征提取和模式识别等领域有着广泛的应用。二值图像编码的关键在于确定一个阈值,这个阈值将像素点的灰度级别分为两部分,低于阈值的像素点被编码为 0,而高于阈值的像素点则被编码为 1,如图 7-9 所示。

二值图像编码的过程通常包括以下几个步骤:

(1)预处理:在进行二值化处理之前,可能需要对图像进行滤波、去噪等预处理操作,以提高图像质量。

(2)确定阈值:选择一个合适的阈值是二值图像编码的关键。常用的阈值确定方法包括全局阈值法、局部阈值法、Otsu 方法等。

(3)二值化:应用确定的阈值对图像进行二值化处理,将像素点的灰度值映射为 0 或 1。

(4)后处理:在二值化之后,可能需要进行形态学操作(如膨胀、腐蚀、开闭操作等),以优化图像的分割效果。

二值图像编码的主要优点是计算简单、存储空间小和传输效率高。然而,它也存在一些限制,比如失去图像的灰度信息,可能降低图像的细节表现力。因此,在实际应用中,需要根据具体的应用需求来选择合适的图像编码方法。

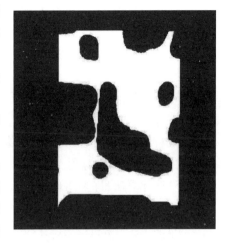

图 7-9 二值图像的概述图

7.5.2 二值图像编码的基本方法

二值图像编码是一种将灰度图像转换为二值图像的过程,通常用于图像压缩、特征提取和模式识别等领域。以下是一些常见的二值图像编码方法:

(1)全局阈值法:选择一个全局阈值 T,将图像中所有像素的灰度值与 T 比较。如果像素灰度值大于或等于 T,则将该像素编码为 1;否则,将其编码为 0。

(2)Otsu 方法:自动选择一个阈值,使得前景和背景的类内方差最小。这种方法可以适应图像中的光照变化和像素分布的不均匀性。

(3)局部阈值法:在图像的不同区域使用不同的阈值。通常用于处理光照不均匀的图像,可以通过计算每个像素邻域的平均灰度值来确定局部阈值。

(4)自适应阈值法:根据图像的局部特征(如边缘、纹理等)动态调整阈值。这种方法可以更好地保留图像的重要结构特征。

(5)基于机器学习的方法:使用诸如支持向量机、随机森林、神经网络等算法来预测每个像素的最佳二值化阈值。这些方法通常用于处理复杂背景或具有复杂结构的图像。

(6)二值化后再处理:在二值化之后,对二值图像进行形态学操作,如腐蚀、膨胀、开闭操作等,以优化图像的分割效果。

(7)基于频率的方法:分析图像的频率特性,将高频细节较多的区域保持为高阈值,而将低频区域保持为低阈值。

(8)基于边缘检测的方法:首先检测图像中的边缘,然后根据边缘信息调整阈值,以保留边缘信息的同时去除噪声。

每种方法都有其优势和局限性,选择最合适的二值图像编码方法需要根据具体的应用场景和图像特性来决定。

7.5.3 二值图编码的优势

二值图像编码,即将图像中的像素值限制为只有两种状态(通常是 0 和 1),在某些应用场景中具有独特的优势:

(1)数据量小:由于只有两种像素值,二值图像比彩色图像或灰度图像拥有更小的数据量,这对于存储和传输是有利的。

(2)处理速度快:二值图像的处理算法通常比处理彩色或灰度图像的算法要简单,因此计算速度更快。

(3)抗干扰能力强:在某些情况下,如文字识别、条形码识别等,二值图像可以更好地抵抗噪声干扰。

(4)特征突出:通过二值化,图像中的对象和背景可以更加清晰地区分,这对于特征提取和模式识别任务非常有利。

(5)简化算法:许多图像处理算法,如边缘检测、形态学操作等,在二值图像上更为简单直观。

(6)易于人工解析:二值图像更接近于人类视觉系统处理图像的方式,便于人工分析和解读。

(7)适用于特定应用:在某些特定的应用中,如打印机、复印机等办公设备,以及条形码和二维码的阅读,二值图像是非常适合的。

(8)便于存储和显示:二值图像通常只需要很低的分辨率就能显示或存储,更加节省资源和成本。

(9)减少存储成本:由于数据量小,二值图像编码可以减少存储介质的成本,尤其是在大规模图像处理时。

(10)利于图像分割:二值图像常常作为图像分割的预处理步骤,有助于将图像分割成有用的区域。

二值图像编码的优势在于其简单性和在一些特定应用中的高效性,但同时也限制了其在图像细节表达和复杂性处理方面的能力。因此,根据不同的应用需求选择合适的图像编码方式是非常重要的。

7.5.4　二值图编码的应用

二值图像编码的应用非常广泛,主要包括以下几个方面:

(1)文本识别:二值图像常用于OCR(光学字符识别)技术中,以便更准确地识别和读取打印文本。

(2)图像压缩:二值图像由于数据量小,常用于图像压缩算法中,尤其是无损压缩。

(3)图像加密:二值图像可以用于一些图像加密算法,通过改变像素值来加密图像信息。

(4)生物特征识别:在指纹识别、掌纹识别等生物特征识别技术中,二值图像可以提高识别的准确性和速度。

(5)医学图像处理:在医学图像处理中,如X光、CT、MRI等图像的二值化处理有助于突出显示特定的组织或病变。

(6)工业检测:在工业检测和质量控制中,二值图像可用于检测产品的缺陷或形状。

(7)条形码和二维码识别:条形码和二维码本身就是二值图像,其识别过程就是将二值图像中的黑白像素转换为可读的数据。

(8)图像去噪:二值图像的去噪处理通常比较简单,可以用于去除图像中的噪声,尤其是在低质量图像的预处理中。

(9) 图像分割:二值图像的分割算法简单,可以用于将图像分割成不同的区域,便于进一步分析。

(10) 艺术创作:在一些数字艺术创作中,如版画制作、像素艺术等,二值图像是一种重要的创作工具。

(11) 通信系统:在某些通信系统中,二值图像可以用于传输和编码信息,如隐写术和信息隐藏。

二值图像编码的应用之所以广泛,主要是因为其在数据处理和存储方面的效率,以及在特定应用场景下的适用性。然而,二值图像也限制了图像的细节和动态范围表达,因此在需要高保真图像处理的场合,其他类型的图像编码方法可能更为合适。

7.6 图像压缩编码标准

7.6.1 常见的图像编码标准

图像压缩编码标准是为了在尽量减少存储空间和传输带宽的同时,尽可能保持图像质量的一套技术规范。常见的图像压缩编码标准包括:

(1) JPEG(joint photographic experts group):这是一种广泛使用的压缩标准,适用于连续色调图像,如照片。JPEG 使用失真压缩技术,通过丢弃人眼不易察觉的信息来减小文件大小。

(2) JPEG 2000:作为 JPEG 的更新版本,JPEG 2000 采用了一种不同的压缩算法,提供更高的压缩率和更好的错误恢复能力。

(3) PNG(portable network graphics):PNG 是一种无损压缩的图像格式,适用于互联网图像,特别是带有透明背景的图像。

(4) GIF(graphics interchange format):GIF 也是一种无损压缩格式,通常用于动画和简单图形。

(5) H.264/MPEG-4 AVC(advanced video coding):这是一种用于视频压缩的标准,但也常用于高速图像序列的压缩。

(6) HEIF/HEIC(high efficiency image file format/high efficiency image coding):这是一种较新的图像压缩标准,提供比 JPEG 更高的压缩效率,但目前支持度较 JPEG 低。

在中国,随着信息技术和数字媒体的发展,上述图像压缩编码标准也有着广泛的应用,如在互联网内容分发、数字电视、移动通信和多媒体应用中都扮演着重要角色。同时,中国在图像压缩技术领域也有着深入的研究和标准的制定工作,如参与和推动 AVC 和 HEIF 等国际标准的制定。在遵循国家法律法规和相关标准的同时,这些技术的发展和应用有助于提升信息传播的效率和质量,对经济社会发展具有积极的推动作用。

7.6.2 静止图像格式 JPEG

JPEG(joint photographic experts group,联合图像专家小组)是一种广泛使用的静止图像压缩标准,由国际标准化组织(ISO)和国际电报电话咨询委员会(CCITT)的委员会合作开发。JPEG 标准主要针对连续色调的静态图像,如摄影照片,能够压缩图像文件的大小,同时尽量保持图像的质量。

JPEG 压缩技术主要基于以下几个关键点：

(1) 离散余弦变换：JPEG 压缩算法使用离散余弦变换将图像从像素域转换到频率域。在频率域中，图像的能量大部分集中在变换系数的左上角（低频部分），而右下角包含的是高频细节，这些通常是人眼不太敏感的部分。

(2) 量化：量化过程会根据预定的量化表，减少变换系数的精确度。这个过程中，量化表会将系数映射到更少的数值上，从而减少所需的位数。

(3) 编码：量化后的系数会被编码成二进制形式，并按照一定的顺序排列，以便于存储和传输。这个过程可能包括使用霍夫曼编码、行程编码或其他无损压缩技术。

(4) 文件格式：JPEG 不仅是一种压缩算法，也是一个文件格式。它定义了文件的存储结构，包括头部信息、压缩的图像数据以及必要的元数据。

JPEG 压缩是一种有损压缩，意味着在压缩过程中会丢失一些图像信息，这通常表现为图像的轻微模糊或色彩失真。丢失的信息是不可恢复的，但通过使用不同的压缩级别，可以在图像质量和文件大小之间找到平衡。

JPEG 文件通常具有 .jpg、.jpeg 或 .jpe 等文件扩展名。由于其优良的压缩效率和广泛的支持，JPEG 成为互联网上最流行的图像格式之一。

在中国，JPEG 格式在各种领域都有广泛应用，包括网页设计、数字摄影、电子出版以及移动通信中的图像传输等。随着信息技术的发展，JPEG 格式继续在提高图像传输效率和降低存储成本方面发挥着重要作用。

7.6.3　JPEG 压缩编码算法的主要计算步骤

JPEG 压缩编码算法的主要计算步骤如下：

(1) 颜色空间转换：将原始图像从颜色空间（如 RGB）转换到 YCbCr 颜色空间。YCbCr 色彩模型将图像分成亮度（Y）和色度（Cb、Cr）分量，其中 Y 分量包含了图像的主要视觉信息，而 Cb 和 Cr 分量则包含了色彩信息。

(2) 块划分：将图像分割成 8×8 或 16×16 像素的块。块的大小可以根据需要调整，但 8×8 是最常用的块大小。

(3) 离散余弦变换：对每个块应用离散余弦变换，将图像从像素域转换到频率域。DCT 有助于将图像的能量集中在变换系数的左上角（低频部分），而这些低频系数通常对应于图像的主要结构和视觉重要性。

在 JPEG 中，离散余弦变换是按 8×8 的像素块进行处理的，之所以选择这个大小是因为它在计算机中算得比较快。并且，每一个 8×8 的处理块与它相邻的处理块是完全不相关的。正因如此，JPEG 图像如果选择比较高的压缩比时，在压缩后的图像中往往会呈现出一种"块效应"，如何消除这种"块效应"是很多人在研究的问题。此外，在对图像进行离散余弦变换之前，需要将每个像素点的值减去 128，从而保证每个像素点的取值范围在 $[-128,127]$ 之间。

(4) 量化：使用量化表对 DCT 系数进行量化。量化过程会根据预定的量化表，减少变换系数的精确度。量化的过程会损失一些图像质量，这是 JPEG 有损压缩的核心。

(5) 编码：对量化后的系数进行编码，将其转换为二进制形式。

(6) 熵编码：使用熵编码（如霍夫曼编码或算术编码）进一步减少二进制数据的冗余性。熵编码是根据字符出现的概率来压缩数据，出现频率高的字符使用较短的编码，频率低的则使用较长的编码。

(7) 应用头信息：在压缩的数据前添加头信息，包括图像的大小、颜色配置文件、压缩类型等元数据。这些信息对于正确解码和显示图像至关重要。

(8) 打包：最后，将编码后的数据打包成 JPEG 文件格式，以便于存储和传输。

在整个压缩过程中，可以通过调整量化参数和选择不同的压缩级别来平衡图像质量和文件大小。JPEG 压缩算法在保持图像可视性的同时，大大减少了图像数据所需的存储空间，使得图像能够高效地传输和分享。

7.6.4 活动图像格式 MPEG

MPEG（moving picture experts group）是一系列标准的名称，这些标准是由国际标准化组织（ISO）和国际电工委员会（IEC）联合制定的。MPEG 标准主要涉及数字视频和音频的编码、解码、处理和传输。MPEG 标准被广泛应用于各种媒体格式中，包括 VCD、DVD、数字电视和互联网视频流。

MPEG 标准包括以下几个主要部分：

(1) MPEG-1：MPEG-1 是最早的 MPEG 标准，于 1992 年发布。它主要设计用于压缩视频和音频，以适应 CD-ROM 和数字电视等媒体。MPEG-1 视频压缩采用了包括量化、离散余弦变换和运动补偿等技术。MPEG-1 音频压缩使用了误差感知编码（PEAQ）技术，以实现高质量的音频压缩。

(2) MPEG-2：MPEG-2 是在 1994 年发布的，它扩展了 MPEG-1 的功能，能够支持更高的数据率和更广泛的应用场景，如高清电视和卫星传输。MPEG-2 视频压缩提供了更多的编码灵活性，包括不同的分辨率和压缩比率。MPEG-2 音频压缩则支持多声道音频，被广泛应用于 DVD-Audio 和数字广播。

(3) MPEG-4：MPEG-4 是在 1998 年发布的，它引入了更多的多媒体处理功能，包括对交互式视频和音频、图像和动画的支持。MPEG-4 压缩技术也更加注重低数据率下的压缩效率，适用于移动通信和互联网应用。

(4) MPEG-7：MPEG-7 是多媒体内容描述接口标准，于 2001 年发布。它旨在为多媒体内容提供一种描述和检索的方式，通过使用语义描述符来捕捉内容的语义和上下文信息。

(5) MPEG-21：MPEG-21 是多媒体框架标准，于 2003 年发布。它提供了一个用于管理和处理多媒体内容的框架，包括内容的识别、版权管理、交换和检索等。

MPEG 标准的发展，使得数字视频和音频能够在不同的平台上高效传输和存储，对数字媒体产业的发展产生了深远的影响。随着技术的进步，MPEG 标准也在不断地更新和完善，以适应不断变化的需求和新兴的应用场景。

7.7 基于分类 KLT 的高光谱图像压缩

基于分类 KLT 的高光谱图像压缩是一种利用 KLT 变换对高光谱图像进行降维和压缩的

方法。KLT 变换,也称为 Karhunen-Loève 变换(K-L 变换),是一种线性变换,它能够将一组数据转换成另一组数据,同时去除数据中的冗余信息。在高光谱图像压缩中,KLT 变换能够有效地提取图像的主要特征,并去除图像中的噪声和不相关信息,从而实现图像的压缩。

7.7.1 高光谱图像的无监督分类

遥感图像分类是根据各像元的性质分为若干类别的过程,高光谱图像的分类是基于像元的光谱与空间特性,对每个像元的类别属性进行确定和标注。高光谱图像中不同地物的差异通过像元的光谱信息及几何空间信息进行表达,不同的地物类型具有不同的光谱信息或几何空间特性,这是分类的理论依据。对于实际应用中获取的高光谱图像,由于事先无法获知地物类别的先验知识,因此,只能对高光谱图像进行无监督分类。无监督分类是指在无任何先验知识的前提下,仅仅利用遥感影像中各类地物光谱特征的分布规律,随其自然地进行分类,最终结果只是对地物类别进行了划分,无法确定类别的属性。高光谱图像分类作为一个预处理阶段,对后续压缩性能的提高具有一定的促进作用。高光谱图像的分类预处理已经成功应用于高光谱图像的无损压缩,但在高光谱图像有损压缩中鲜见应用。文中采用 K-means 算法对高光谱图像的光谱矢量进行分类,从而获得各种地物类别的分类图。若 $I_k(i,j)(1 \leq k \leq L, 1 \leq i \leq M, 1 \leq j \leq N)$ 表示第 k 波段空间位置为 (i,j) 的像素,其中 L 为波段数,M 与 N 分别为波段的高度与宽度。分类图中给出了各个像素的所属类别,如下所示。

$$\text{Index}(i,j) = l, l \in \{1, 2, \cdots, c\}$$

其中 c 为分类数,同类像素的集合可表示为

$$\{I_l(x,y) \mid \text{Index}(x,y) = l, x = 1, \cdots, M, y = 1, \cdots, N, l = 1, \cdots, L\}$$

7.7.2 高光谱图像的 KLT

对于高光谱图像的谱间变换,常用的方法有 KLT、DCT 与 DWT 等。KLT 是统计特征基础上的最优线性正交变换,经过 KLT 后的系数之间互不相关,与 DCT 和 DWT 相比,数据能量更为集中,更有利于后续的压缩处理。KLT 与 DCT 以及 DWT 的不同之处在于其变换的基函数是不固定的,它依赖于待变换数据的统计特性。KLT 需要对每一组数据计算相应的基函数,这也使得它对待变换数据具有最好的匹配效果,因此,KLT 能够获得优于其他变换的去相关性能。在高光谱图像编码算法中,KLT 主要用于去除高光谱图像的谱间相关性,而空间相关性通常用 DCT 或者 DWT 来去除。首先介绍高光谱图像的 KLT,若高光谱图像原始数据可表示为

$$I \begin{pmatrix} I_1(1,1) & I_1(1,2) & \cdots & I_1(M,N) \\ I_2(1,1) & I_2(1,2) & \cdots & I_2(M,N) \\ \vdots & \vdots & & \vdots \\ I_3(1,1) & I_3(1,3) & \cdots & I_3(M,N) \end{pmatrix}$$

I 中的每一行表示一个波段的数据,将 I 中的每一列数据看作一个 L 维的矢量,即

$$X_i = (x_{1,i}, x_{2,i}, \cdots, x_{L,i})^T \quad i = 1, \cdots MN$$

显然,$X = (X_1, X_2, \cdots, X_{MN})$。假设均值向量为

$$\boldsymbol{m}_x = (m_1, m_2, \cdots, m_l)$$

其中，
$$m_i = \frac{1}{MN}\sum_{j=1}^{MN} x_{i,j} \quad i = 1,2\cdots,L$$

对任意光谱的协方差矩阵为
$$C_{I,i} = E((X_i - m_x)(X_i - m_x)^T) \quad i = 1,2,\cdots,MN$$

所有光谱矢量的协方差矩阵为
$$C_I = \frac{1}{MN}\sum_{i=1}^{MN} C_{j,i}$$

其中，C_I 为 $L \times L$ 的实对称矩阵。存在正交矩阵 $U = (u_1, u_2, \cdots u_L)$，使得 C_I 对角化，即

$$U^T C_I U = \Lambda = \begin{pmatrix} \lambda_1 & 0 & \cdots & 0 \\ 0 & \lambda_2 & \cdots & 0 \\ \vdots & \vdots & & \vdots \\ 0 & 0 & \cdots & 0 \end{pmatrix}$$

其中，$\{\lambda_1, \lambda_2, \cdots, \lambda_L\}$ 为 C_I 的特征值，且 $\lambda_1 \geq \lambda_2 \geq \cdots \geq \lambda_L \geq 0$，$u_i$ 为 C_I 第 i 个特征值对应的特征向量（$i = 1,2,\cdots,L$）。上式相当于对 C_I 进行特征值分解，得到相应的特征值与特征向量。KLT 变换后的高光谱图像第 i 个波段为
$$Y_i = U^T (X_i - m_x) \quad i = 1,\cdots,MN$$

7.7.3 基于分类 KLT 的高光谱图像压缩方法

基于分类 KLT 的高光谱图像压缩是一种将高光谱图像数据的压缩与先验知识相结合的方法。这种方法通常涉及以下几个步骤：

(1) 图像预处理：在进行 KLT 变换之前，通常需要对高光谱图像进行预处理，以提高压缩效率和压缩质量。预处理可能包括去噪、大气校正、地形校正等。

(2) KLT 变换：对预处理后的图像进行 KLT 变换。KLT 变换会将图像数据转换成一组新的坐标表示，这些新坐标是按照图像数据的协方差矩阵进行分解得到的。在这个过程中，变换会找到图像数据的几个主要特征（即主成分），这些主成分能够表示图像的大部分信息。

(3) 特征选择和分类：对变换后的特征进行分类。可以根据特征的物理意义或者特征之间的相似性将特征分成不同的类别。分类可以帮助更好地表示图像数据，并在压缩过程中去除冗余信息。

(4) 量化：对分类后的特征进行量化。量化过程会将特征的数值转换成更少的比特数，从而减少数据的存储空间。量化的过程会损失一些图像质量，这是有损压缩的一部分。

(5) 编码：对量化后的数据进行编码，将其转换为二进制形式。

(6) 熵编码：使用熵编码进一步减少二进制的冗余性。

通过上述步骤，基于分类 KLT 的高光谱图像压缩能够在保持图像质量的同时，减少图像数据的存储和传输所需的空间。这种压缩方法在高光谱图像处理和分析中有着广泛的应用，如在遥感图像处理、环境监测、生物医学图像分析等领域。

小　　结

图像编码与压缩是数字图像处理和通信系统中的一个重要环节，旨在减少图像存储和传

输所需的比特数,同时尽可能保持图像的质量。我们从统计编码、预测编码、变换编码、二值图像编码、图像压缩编码标准、基于分类 KLT 的高光谱图像压缩等六个方面入手讲解了数字图像压缩的相关知识,让人们了解到了图像压缩的方法。总结来说,图像编码与压缩是一种旨在减少图像数据量的技术,它通过去除冗余信息和利用人类视觉系统的局限性来实现。不同的压缩技术和标准适用于不同的应用场景,而选择合适的压缩方法需要在图像质量、文件大小和计算复杂度之间做出权衡。随着技术的发展,新的压缩算法和标准不断出现,以满足不断变化的应用需求。

思考与练习

一、选择题

1. 在图像压缩中,(　　)是利用图像像素之间的相似性来减少数据量。
   A. 预测编码　　　　B. 变换编码　　　　C. 游程编码　　　　D. 熵编码

2. JPEG 2000 是基于(　　)类型的波变换。
   A. 傅里叶变换　　　B. 余弦变换　　　　C. 小波变换　　　　D. 哈尔变换

3. MPEG-2 标准主要用于压缩(　　)类型的数据。
   A. 音频　　　　　　B. 视频　　　　　　C. 文本　　　　　　D. 图片

4. 无损压缩技术通常用于(　　)场合。
   A. 需要快速传输的实时通信　　　　　B. 对质量要求极高的医学影像
   C. 存储空间有限的移动设备　　　　　D. 所有上述场合

5. GIF 格式支持(　　)特性。
   A. 动画　　　　　　B. 透明度　　　　　C. 高动态范围　　　D. A 和 B

二、填空题

1. ＿＿＿＿＿＿＿＿是一种混合了差分脉冲编码调制和霍夫曼编码的图像压缩方法。

2. ＿＿＿＿＿＿＿＿是一种使用整数 4×4 块进行正交变换的图像压缩标准。

3. 在 JPEG 压缩中,＿＿＿＿＿＿＿＿步骤负责去除图像中的高频信息,以达到压缩的目的。

4. ＿＿＿＿＿＿＿＿是一种常用的无损压缩格式,它支持透明度和多种颜色模式。

5. 在图像压缩中,＿＿＿＿＿＿＿＿是一种常见的有损压缩技术,它通过去除人眼不易察觉的细节来减少文件大小。

三、判断题

1. 无损压缩技术可以完全恢复原始数据而不丢失任何信息。　　　　　　　　(　　)
2. PNG 是一种比 GIF 更先进的无损压缩格式,但它不支持动画。　　　　　　(　　)
3. 量化是图像压缩中有损步骤,因为它可能减少图像的细节和精度。　　　　(　　)
4. 所有的图像压缩技术都可以无缝地从有损转换为无损。　　　　　　　　　(　　)
5. 在 MPEG 视频压缩中,I 帧、P 帧和 B 帧都是关键帧。　　　　　　　　　　(　　)

四、简答题

1. 描述无损压缩和有损压缩之间的主要区别。

2. 解释什么是量化,并且在图像压缩中它如何导致信息损失。
3. 详细说明预测编码在图像压缩中的工作原理。
4. 比较 JPEG 和 PNG 两种图像格式的特点及其适用场景。
5. 描述变换编码的基本步骤,并举例说明它在图像压缩中的应用。

五、论述题

1. 讨论为什么需要对数字图像进行压缩,以及它在不同应用领域(如医疗成像、网络传输、数据存储)的重要性。
2. 分析小波变换在图像压缩中的优势,并与其他变换方法(如 DCT)进行对比。
3. 阐述基于视觉感知的图像编码技术(例如 JPEG 2000)是如何利用人眼特性来优化压缩效率的。
4. 探讨视频压缩标准(例如 MPEG 系列)中使用的运动补偿技术,并解释其如何减少视频数据的时间冗余。
5. 评价当前流行的图像和视频压缩技术面临的挑战和未来的发展方向,特别是考虑到高分辨率内容和虚拟现实等技术的兴起。

实　　训

综合实训:比较解压缩后的图像与原始图像的差异。

【实训描述】

将一幅图像转换为灰度图像,然后使用损失压缩方法(如 JPEG)对灰度图像进行压缩。对压缩后的图像进行解压缩,比较解压缩后的图像与原始图像的差异。

【实训目的】

了解图像编码与压缩的基本原理,提高图像传输和存储的效率,学习使用 Python 进行图像处理,掌握图像编码与压缩技术在实际应用中的操作。

【实验环境】

操作系统:Windows 10;编程语言:Python 3.8;图像处理库:OpenCV、PIL。

【实训步骤】

(1)将一幅图像转换为灰度图像。

(2)使用损失压缩方法(如 JPEG)对灰度图像进行压缩,通过减少图像中的冗余信息来减小图像文件的大小(常见的压缩方法有损失压缩和无损压缩)。

(3)对压缩后的图像进行解压缩,比较解压缩后的图像与原始图像的差异。

代码如下:

```
#1.导入相关库:
python
import cv2
import numpy as np
from PIL import Image
#2.读取原始图像并转换为灰度图像:
python
```

```python
# 读取原始图像
img = cv2.imread('原始图像.jpg')
# 转换为灰度图像
gray_img = cv2.cvtColor(img, cv2.COLOR_BGR2GRAY)
#3.使用JPEG压缩灰度图像：
python
# 设置压缩质量(0-100)
quality = 75
# 使用PIL的ImageEncode接口进行压缩
compressed_img = Image.fromarray(gray_img.astype('uint8'))
compressed_img.save('压缩后的图像.jpg', quality=quality)
#4.读取压缩后的图像并转换为灰度图像：
python
# 读取压缩后的图像
compressed_img = cv2.imread('压缩后的图像.jpg', cv2.IMREAD_GRAYSCALE)
#5.比较原始图像与解压缩后的图像：
python
# 计算原始图像与解压缩后图像的差异
diff = cv2.subtract(gray_img, compressed_img)
# 显示差异图像
cv2.imshow('差异图像', diff)
cv2.waitKey(0)
cv2.destroyAllWindows()
```

通过实训可知，原始图像与解压缩后的图像在视觉上基本一致，但压缩后的图像在某些细节上有所损失；差异图像显示了原始图像与解压缩后图像的差异，差异较小，说明压缩效果较好。

第 8 章 基于深度学习的智能图像识别系统

学习目标

1. 了解深度学习的基础概念。
2. 了解深度学习的主流算法。
3. 学会使用数字图像处理技术进行苹果叶片病害识别和分类。

知识导图

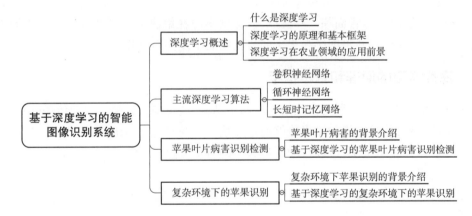

随着数字图像处理技术的不断发展,其在农业领域的应用也越来越广泛。本章将重点结合深度学习算法(卷积神经网络、循环神经网络、长短时记忆网络)介绍数字图像处理技术在农业上的应用。并通过基于深度学习的智能图像识别系统在苹果叶片病害识别检测和苹果识别中的应用,更好地了解农作物生长状况,从而为农业生产提供科学依据。

8.1 深度学习概述

8.1.1 什么是深度学习

深度学习是一种机器学习的方法,它基于人工神经网络模型,通过模拟人类大脑的神经元之间的连接,来实现对大规模数据的学习和理解。深度学习的发展源于神经网络的研究,但由于计算能力的限制和数据量的不足,限制了深度学习的应用和进一步的发展。然而,随着计算能力的提升和数据的爆炸式增长,深度学习在图像识别、语音识别、自然语言处理等领域取得了革命性的突破。

深度学习的核心是神经网络模型。一个典型的神经网络由多个神经元组成,神经元之间通过连接权重进行信息传递。每个神经元接收来自上一层神经元的输入,并对其加权求和后经过激活函数进行非线性变换,然后将输出传递给下一层神经元。多层神经网络可以通过不断学习调整连接权重,以逐渐提取输入数据的高层次特征。

深度学习在许多领域取得了显著的进展。在计算机视觉领域,深度学习在图像分类、目标检测、图像分割等任务上表现出色。在语音识别领域,深度学习已经成为主流方法,并在语音合成、语音翻译等任务上取得了突破。在自然语言处理领域,深度学习方法在文本分类、情感分析、机器翻译等任务上取得了重要进展。此外,深度学习还在推荐系统、医学诊断、金融风控等领域展示了广泛的应用前景。

然而,深度学习也面临一些挑战和限制。首先,深度学习模型往往需要大量的标注数据来进行训练,而获取标注数据往往是耗时、耗力和耗费资源的。其次,深度学习模型的黑盒性使其难以解释和理解,这限制了其在一些对模型解释性要求较高的领域的应用。此外,深度学习模型的计算和存储需求较高,对硬件设备和能源消耗提出了挑战。因此,如何解决数据获取、模型可解释性和计算效率等问题,仍然是深度学习研究的重要方向。

总结起来,深度学习作为机器学习的一种重要方法,在过去十年取得了巨大的突破和应用。它凭借强大的模型表达能力和大规模数据的支持,在计算机视觉、自然语言处理和其他领域引领了技术的发展。尽管面临一些挑战,但深度学习在解决复杂问题和实现人工智能的目标方面具有巨大的潜力,并将继续在未来的科技发展中发挥重要作用。

8.1.2 深度学习的原理和基本框架

深度学习的基本原理是利用多层的神经网络结构,通过前向传播和反向传播的算法,不断调整网络中的参数,使得网络的输出能够逼近或优化目标函数。深度学习模型通过逐层学习数据的内在规律和表示层次,可以自动提取数据的特征,避免了传统机器学习算法中手工设计特征的烦琐过程。

深度学习的基本框架是构建和训练深度神经网络的基础设施。目前,常用的深度学习框架包括 TensorFlow、PyTorch、Keras 等。

TensorFlow 是由谷歌开发的一个开源深度学习框架,它采用了数据流图的方式来表示计算过程,支持多种编程语言和平台,具有高度的灵活性和可扩展性。TensorFlow 提供了丰富的 API 和工具,方便用户构建和训练深度神经网络,同时也支持分布式训练和部署。

PyTorch 是由 Facebook 开发的一个开源深度学习框架,它基于 Torch 库,使用动态计算图来表示计算过程,具有高度的易用性和灵活性。PyTorch 的设计理念是简洁、直观和快速,适合研究和原型开发。同时,PyTorch 也提供了丰富的生态系统和社区支持,方便用户进行模型训练和应用开发。

Keras 是一个高层次的深度学习框架,它可以作为 TensorFlow 或其他底层框架的封装,提供了简洁和统一的 API 来构建和训练深度学习模型。Keras 的设计理念是简单、快速和可靠,适合快速原型设计和实验。同时,Keras 也支持多种神经网络结构和算法,方便用户进行模型选择和调整。

除了上述框架外,还有一些其他的深度学习框架,如 Caffe、MXNet 等。这些框架各有优缺点,用户可以根据自己的需求和喜好选择合适的框架进行深度学习模型的构建和训练。

8.1.3 深度学习与数字图像处理的关系

深度学习与数字图像处理在农业中的病害分类和目标检测任务中紧密相关。传统的图像处理方法,如边缘检测和特征提取,依赖手工设计的规则,适用于简单场景,但在面对复杂背景和多样化病害时效果有限。它们通常需要大量人工调整,并且对噪声敏感。

深度学习,尤其是卷积神经网络(CNN),在农业图像分析中展现了强大的能力。CNN 可以自动从原始图像中提取层次化特征,从而完成作物病害的分类和检测任务。在病害分类中,深度学习能够识别并分类各种病害,避免了传统方法的人工特征设计。对于目标检测,深度学习可以精准地检测并定位作物上的病斑、杂草或虫害,帮助农民进行精准防治。

相比传统方法,深度学习无须人工设定特征,能从海量数据中自动学习,处理复杂背景和变化环境。尽管深度学习在农业中应用广泛,但与传统图像处理方法并非对立。在实际应用中,传统方法仍然用于图像预处理,如噪声去除和对比度增强,帮助提高深度学习模型的准确性。

总体来说,深度学习和传统图像处理在农业应用中是互补的。深度学习通过自动特征学习提升任务精度,而传统方法则在预处理和辅助特征提取上发挥重要作用。两者结合可以实现更高效、精准的农业病害检测与管理。

8.1.4 深度学习在农业领域的应用前景

深度学习在农业领域的应用前景非常广阔,可以帮助农业提高生产效率、实现智能化管理,并为农业可持续发展做出贡献。以下是深度学习在农业领域的几个重要应用前景:

(1)农作物种植和管理:深度学习可以通过图像识别和处理技术,帮助农户和农场监测和管理农作物生长过程中的病虫害、草害和营养状态等问题。通过使用深度学习模型,可以对农田中的图像数据进行实时分析,并快速检测出潜在问题,提前采取针对性的措施,减少农作物损失。

(2)水资源管理:深度学习可以通过对遥感数据和传感器数据的分析,帮助农业系统实现精准的水资源管理。通过监测土壤水分和气象数据等,深度学习模型可以预测作物的水需求,避免过度灌溉或水资源浪费。此外,深度学习还可以通过图像识别技术检测并识别农田中的湖泊、水塘等水源,并进行水质监测和水环境保护。

(3)农产品质量检测和分级:深度学习可以通过图像处理和模式识别技术,对农产品进行质量检测和分级。传统的农产品质量检测需要人工参与,耗时耗力且主观性强,而深度学习则可以通过训练模型学习大量的农产品图像数据,自动检测农产品的瑕疵、成熟度和分类等指标。这将极大地提高农产品检测的准确性和效率,同时降低成本和人力需求。

(4)预测和决策支持:深度学习可以利用历史数据和实时数据进行农业的预测和决策支持。通过分析大数据,深度学习模型可以预测气象变化、病虫害暴发和市场需求等因素,帮助农民和农场主做出合理的决策和调整种植计划。同时,深度学习还可以结合其他数据源,比如土壤和气象数据,提供精确的施肥和灌溉方案,从而优化农业生产过程。

(5)牧畜管理:深度学习可以帮助农场主监测和管理畜禽的行为和健康状态。通过对图像数据的分析,深度学习模型可以自动识别畜禽的活动、进食和睡眠模式等,并及时发现异常行为和疾病症状。此外,深度学习还可以通过声纹识别和语音识别技术,对畜禽的声音进行分析,判断其情绪和健康状况,为养殖管理提供更全面的信息。

这些应用只是深度学习在农业领域的一部分,随着技术的不断发展和创新,深度学习在农业中的应用前景将会更为广阔。同时,值得注意的是,深度学习的应用也面临一些挑战,如数据获取困难、模型解释性差以及技术推广等问题,然而,随着技术的不断进步和应用的推广,这些问题将逐渐解决。深度学习将对农业生产方式和效率产生重要影响,为农业的可持续发展做出卓越贡献。

8.2　主流深度学习算法

8.2.1　卷积神经网络

卷积神经网络(CNN)是深度学习领域中最重要的模型之一,适用于处理和分析具有网格结构的数据,如图像和语音。CNN 的出现为计算机视觉领域带来了一场革命,成为图像识别、目标检测和图像分割等任务的首选算法。本节将详细介绍 CNN 的原理、基本结构和重要特性。

1. 原理

CNN 的核心原理是局部感知和权值共享。局部感知是指 CNN 模型将输入数据的局部区域与权重相乘,并通过卷积操作来提取特征。这样可以有效利用图像的局部信息,同时减少参数量。权值共享是指在整个输入中共享权重,使得网络可以检测到相同的特征无论在图像的哪个位置出现。这种共享机制极大地降低了模型的复杂性,并且在处理具有平移不变性的问题方面表现出众。

2. 基本结构

一个典型的 CNN 由卷积层(convolutional layer)、池化层(pooling layer)和全连接层(fully connected layer)组成。

(1)卷积层:卷积层是 CNN 中最核心的部分。它通过卷积操作将输入数据与一组权重进行卷积,生成特征图。通过多层次的卷积操作,网络可以从低级别的边缘、纹理等特征逐渐学习到更高级别的抽象特征。

(2)池化层:池化层用于缩小特征图的空间尺寸,并减少参数数量。常见的池化操作有最大池化(max pooling)和平均池化(average pooling)。这样可以帮助网络提取更具鲁棒性的特征,并且对输入的平移、尺度和旋转变换具有不变性。

(3)全连接层:全连接层将前面的卷积和池化层的特征连接起来,输出最终的分类结果。全连接层中的每个神经元都与前一层的所有神经元相连,并通过激活函数进行非线性变换。最后一层通常是一个归一化指数层,用于进行分类。

3. 特性

CNN 具有许多重要的特性,这些特性使其成为图像处理任务的理想选择。

(1)局部连接和权值共享:局部连接和权值共享使得CNN能够高效地处理大规模图像数据。通过只考虑局部区域并共享权重,CNN可以极大地减少模型的参数量,从而降低了计算和存储的成本。

(2)平移不变性:CNN在卷积和池化操作中具有平移不变性。这意味着当物体在图像中发生平移时,CNN可以对其进行相同的处理,而不受位置的影响。这使得CNN在物体检测和识别等任务中非常有效。

(3)特征层次结构:CNN通过多层的卷积和池化操作逐渐提取图像的高层次特征。底层特征用于检测边缘、纹理等低级别的特征,而高层次特征则用于检测物体的形状、姿态和类别等更抽象的概念。

(4)数据增强:CNN可以通过数据增强技术来扩充训练数据集,从而提高模型的泛化能力。数据增强包括平移、旋转、缩放和翻转等操作,可以增加模型对不同样本的鲁棒性。

(5)迁移学习:CNN的训练过程通常需要大量计算资源且耗时较长。迁移学习通过将已在大规模数据集上训练好的CNN模型的参数迁移到新任务中,从而有效缩短训练时间,并提高模型的泛化能力。

CNN是深度学习中非常重要的模型,尤其在计算机视觉领域获得了广泛的应用。通过局部感知、权值共享和特征层次结构,CNN能够高效地处理图像数据并提取有用的特征。它具有平移不变性、高度抽象能力和较强的鲁棒性等特性,使其在图像识别、目标检测和图像分割等任务中表现出色。通过数据增强和迁移学习等方法,CNN的训练和应用也变得更加高效和灵活。随着深度学习和计算机硬件的不断发展,CNN在图像处理和识别任务中的应用前景将更加广阔。

8.2.2 循环神经网络

循环神经网络(recurrent neural network,RNN)是一种能够处理序列数据的神经网络模型。相比于传统的前馈神经网络,RNN具有一种循环的结构,可以在处理每个时间步时保留并利用之前的信息。RNN在自然语言处理、语音识别、时间序列分析等任务中具有广泛的应用。本节将详细介绍RNN的原理、基本结构和主要特性。

1. 原理

RNN通过在网络中引入循环连接来处理序列数据。在传统的前馈神经网络中,每个神经元的输入只来自前一层的神经元的输出,而在RNN中,每个神经元的输入还包括上一时间步的神经元的输出,形成一个时间步循环神经网络是一种具有时间序列记忆能力的神经网络模型,适用于处理序列数据的建模和预测任务。与传统的前馈神经网络不同,RNN的一个重要特点是能够在网络中引入循环连接,使得网络在处理序列数据时能够保留时间信息和上下文信息。本节将详细介绍RNN的原理、结构和应用。

RNN通过引入循环连接,在每个时间步接收上一时刻的隐藏状态和当前输入,并通过门控方式更新隐藏状态,从而使网络能够自身反馈并保留之前时间步的状态信息,并结合当前输入进行预测。隐藏状态在时间上共享,能够传递信息并捕捉序列数据中的长期依赖关系。

2. 基本结构

一个典型的RNN包括输入层、隐藏层和输出层。在每个时间步,RNN接收当前输入数据和上一时刻的隐藏状态,并计算得到当前时刻的隐藏状态和输出。RNN 的训练通常使用反向传播算法,将误差信号沿时间反向传播并更新模型参数。

(1)输入层:输入层接收序列数据中当前时间步的输入。

(2)隐藏层:隐藏层是 RNN 的核心部分,负责保留时间信息和记忆状态。隐藏层的状态会在每个时间步根据当前输入和上一时刻的状态进行更新。

(3)输出层:输出层将隐藏层的状态映射到最终的输出,通常使用 softmax 函数进行分类或回归问题的预测。

3. 特性

RNN 具有许多重要的特性,这些特性使得它在序列建模和语言处理任务中表现出色。

(1)时间序列建模:RNN 适用于处理时间序列数据,能够捕捉数据在时间上的变化和依赖关系。在自然语言处理、语音识别、股票预测等领域获得了广泛应用。

(2)长期依赖关系:RNN 能够记忆之前的信息并传递到后续时间步,因此可以处理具有长期依赖关系的序列数据。这使得 RNN 在翻译、文本生成等任务中表现出色。

(3)门控循环单元(GRU)和长短时记忆网络:为了解决 RNN 存在的梯度消失和梯度爆炸等问题,研究者提出了一些改进的结构,如门控循环单元(GRU)和长短时记忆网络。这些改进结构能更好地捕捉序列中的长期依赖关系,提高模型的性能。

(4)应用领域:RNN 在自然语言处理、时间序列预测、音乐生成、视频标注等领域有广泛应用。例如,RNN 可以用于机器翻译、情感分析、垃圾邮件识别等任务,展现出了较为出色的效果。

4. 应用案例

(1)语言建模:RNN 可用于建模文本序列中的单词或字符,通过学习单词之间的关系和概率分布进行语言生成或预测。

(2)文本分类:RNN 可以对输入的文本进行分类,如情感分析、垃圾邮件识别等任务。

(3)时间序列预测:RNN 在金融领域可以用于股票价格预测、交易量预测等时间序列预测任务。

尽管 RNN 在序列处理领域表现出色,但也存在一些挑战。例如,梯度消失和梯度爆炸问题限制了 RNN 在处理长序列数据时的效果。为此,研究者提出了多种改进方法,如 LSTM 和 GRU。此外,RNN 的训练复杂度较高,需要大量数据和计算资源支持。

循环神经网络是一种强大的神经网络模型,适用于序列数据的建模和预测。通过引入循环连接和隐藏状态传递,RNN 可以处理具有时间依赖关系的数据,如自然语言、时间序列等。尽管 RNN 在序列任务中取得了长足的进展,在实际应用中仍存在一些挑战,如梯度消失问题、训练复杂度等。随着深度学习技术的不断发展和改进,RNN 和其变种将会在更多领域发挥重要作用,为语言处理、时间序列分析等任务提供强大的解决方案。

8.2.3 长短时记忆网络

长短时记忆网络(long short-term memory,LSTM)是一种特殊的循环神经网络结构,用于解决传统 RNN 中的梯度消失和梯度爆炸问题。LSTM 在处理序列数据时表现出色,广泛应用于语言模型、机器翻译、音乐生成和时间序列分析等领域。本节将详细介绍 LSTM 的原理、基本结构和主要特性。

1. 原理

LSTM 通过引入门控单元的思想,有效地解决了传统 RNN 的梯度消失和梯度爆炸问题。LSTM 中的关键思想是使用门控机制来控制信息的流动,从而允许网络选择性地记忆和忘记特定的信息。在每个时间步,LSTM 接收输入、前一时间步的隐藏状态和细胞状态,并根据不同的门控单元更新隐藏状态和细胞状态。这样,LSTM 能够更好地捕捉长期依赖关系。

2. 基本结构

一个标准的 LSTM 单元由输入门(input gate)、遗忘门(forget gate)、输出门(output gate)和细胞状态(cell state)组成。

(1)输入门:输入门控制有多少信息能够进入细胞状态。它通过对输入和隐藏状态进行加权求和,并通过 sigmoid 激活函数决定保留多少信息。

(2)遗忘门:遗忘门控制有多少信息需要从细胞状态中丢弃。它通过对输入和隐藏状态进行加权求和,并通过 sigmoid 激活函数决定丢弃多少信息。

(3)细胞状态:细胞状态是 LSTM 中的记忆单元,负责存储和传递信息。它会在每个时间步根据输入门、遗忘门和前一时刻的细胞状态进行更新。

(4)输出门:输出门根据输入和隐藏状态对细胞状态进行加权求和,并通过 sigmoid 激活函数决定输出多少信息。同时,细胞状态经过 tanh 激活函数进行非线性变换,与输出门相乘得到最终的隐藏状态输出。

3. 特点

LSTM 在序列建模任务中具有以下重要特点:

(1)长期依赖建模:LSTM 通过门控机制允许网络选择性地保留和遗忘信息,从而在处理长期依赖关系时表现出色。这使得 LSTM 适用于语言建模、机器翻译等任务,能够捕捉到较长距离的依赖关系。

(2)消除梯度问题:传统的 RNN 存在梯度消失和梯度爆炸的问题,导致模型难以训练。LSTM 通过门控机制解决了这些问题,使得网络能够更稳定地学习和更新梯度。

(3)自适应输入权重:LSTM 中的门控单元根据输入和隐藏状态自适应地学习输入权重。这使得网络能够更灵活地适应不同的输入数据和任务。

(4)引入记忆单元:长短时记忆网络是一种特殊的循环神经网络结构,通过设计特定的门控单元来解决梯度消失和梯度爆炸等问题,从而更好地捕捉长期依赖关系。LSTM 在序列建模、自然语言处理、时间序列预测等领域取得了巨大成功。本节将详细介绍 LSTM 的原理、结构和特点,以及其在深度学习中的应用。

4. 应用案例

(1)机器翻译:LSTM 在机器翻译任务中取得了巨大成功,可以处理不同语言之间的长句翻译,捕捉长期依赖关系,提高翻译的准确性。

(2)语音识别:LSTM 在语音识别任务中被广泛应用,可以捕捉语音信号中的长期特征和语音转移规律,提高语音识别的准确率。

(3)文本生成:LSTM 可以生成连续的文本序列,例如生成小说、诗歌等文本生成任务,模型能够学习文本的语法结构和上下文逻辑。

尽管 LSTM 在序列建模任务中表现出色,但也面临一些挑战。如模型复杂度高、训练时间长、参数调节困难等问题。为应对这些挑战,研究者提出了一系列改进的模型结构和训练技巧,如双向 LSTM、注意力机制等。

长短时记忆网络是一种特殊的循环神经网络结构,通过引入门控机制解决梯度消失和梯度爆炸问题,从而更好地捕捉长期依赖关系。其灵活性、可解释性和广泛应用性使得 LSTM 成为深度学习中不可或缺的技术之一。随着深度学习的发展,LSTM 及其变种将在更多领域实现更广泛的应用,为解决实际问题提供强大的工具和方法。

8.3　苹果叶片病害识别检测

8.3.1　苹果叶片病害的背景介绍

苹果作为全球范围内广泛种植的果树之一,其产量和品质对果农的经济收入以及消费者的健康饮食都具有深远的影响。然而,苹果叶片病害是威胁苹果树健康的主要难题之一。这些病害不仅影响苹果树的光合作用,导致树体养分不足,还可能导致树势衰弱,影响果实的产量和品质。

常见的苹果叶片病害包括锈病、白粉病、炭疽叶枯病、斑点落叶病等。这些病害的成因多样,包括气候、土壤、种植管理等多种因素。例如,锈病是由锈菌引起的,常在高温多雨的夏季发生;而白粉病则是由白粉菌引起,常在春季和秋季发生。

苹果叶片病害对苹果树的生长和产量具有显著的负面影响。叶片病害会导致叶片提前脱落,减少光合作用的有效面积,从而降低树体的养分积累和果实的品质。此外,叶片病害还可能为其他病虫害的入侵提供机会,进一步加剧树体的损伤。

传统的苹果叶片病害识别主要依赖于人工观察和经验判断。然而,这种方法存在明显的局限性。首先,人工识别需要丰富的经验和专业知识,对观察者的技能要求较高。其次,人工识别容易受到主观因素的影响,导致识别结果的不稳定和不准确。此外,传统方法对于早期病害的识别具有较大的难度,往往导致病害的扩散和控制不及时。

8.3.2　基于深度学习的苹果叶片病害识别检测

随着人工智能技术的迅猛发展,深度学习在图像识别领域的应用日益广泛。特别是在农业领域,深度学习为农作物病害的自动识别提供了强大的技术支持。因此,本节将重点介绍基于深度学习的苹果叶片病害识别检测系统的构建与应用。

在以下的实例代码中,我们将展示如何使用 Python 和深度学习框架来构建一个基于 CNN 的苹果叶片病害识别检测系统。我们将从数据准备开始,逐步进行模型构建、训练、评估和部署。通过这个过程,您将能够了解如何应用深度学习技术来解决实际的农业问题,并为苹果叶片病害的自动识别提供有效的解决方案。

接下来通过代码编写展示如何使用深度学习技术来构建苹果叶片病害识别检测系统。

1. 数据集的获取和分析处理

在构建深度学习模型之前,首先需要获取并预处理数据集。幸运的是,Plant Pathology Detection 2020 竞赛在 Kaggle 上提供了一个丰富的苹果叶片病害数据集。这个数据集包含了多种苹果叶片病害的图像,以及相应的标签。

数据集主要由一个图片文件夹以及三个 csv 文件组成,通过编写程序,使用 train. csv 文件对 images 文件夹中的文件进行处理,使数据格式符合本次设计使用。文件处理代码如下:

```python
import pandas as pd
from PIL import  Image
import os
import shutil
import tqdm
import matplotlib.pyplot as plt
# 传入数据路径
data_csv_path = './train.csv'             # 分类的数据
images_path = './images'                   # 原图片路径
create_image_path = './data_new'           # 文件夹的相对路径,文件夹会在同级目录下创建
val_num=0.2                                # 从 train 数据集中分出 x% 的数据到 val 中

train_data = pd.read_csv(data_csv_path)    # 将 train 数据用 pandas 导入
train_data = pd.DataFrame(train_data)      # 将数据转换成 DataFrame 格式
```

根据数据,创建数据文件夹,将整理好的图片分为三个类别,分别是训练集 train、测试集 test、验证集 val 与其对应的标签保存起来。创建标签代码如下:

```python
# 创建数据文件夹,后面要把整理好的图片分成 train test val 与其对应的标签保存起来
fill_if = os.path.exists(create_image_path + '/train_images')
# print("检查是否存在文件夹")
if fill_if == False:         # 判断文件夹是否存在,存在则跳过,不存在则创建
    os.mkdir(create_image_path + '/train_images')   # 创建一个名为 data_images 的文件夹
print('创建成功')

# 遍历图片的名称并保存为列表格式
list_image_id = []                                  # 创建 image_name 的列表
for i in train_data['image_id']:                    # 遍历 image_id
    list_image_id.append(i)                         # 将 image_id 保存到列表里
```

遍历所有标签与其对应的数据,并建立 name 与 label 对应的字典,并将数据保存到对应的文件夹,代码如下:

```python
for s in train_data.columns[1:]:                    # 遍历标签: s 是对应的标签
    # print(s)
    # 创建标签对应的文件夹
    fill_if_2 = os.path.exists(create_image_path + '/train_images' + '/' + s)   # 判断文件夹是否存在
        if fill_if_2 == False:    # 判断,如果文件夹存在则跳过,不存在则创建
        mak_file=os.mkdir(create_image_path + '/train_images' + '/' + s)  # 创建标签文件夹
    list_image_label = []                           # 创建 label 的空列表

    for i in train_data[s]:                         # 遍历每一个标签里的对应数据
        list_image_label.append(i)                  # 将数据添加到列表里
    # print(list_image_label)
```

```
        dic_name_health = dict(zip(list_image_id,list_image_label))    # 创建 image 对应
label 的字典  格式为{'name':label,}
        # print(dic_name_health)
        for i,j in dic_name_health.items():   # 遍历字典并返回 i = name , j = 标签的值
            # print(i,j)
            if j = = 1:                        # 判断数据的标签是否为 1
                img_name = i + '.jpg'          # i 为标签对应的 name
                # print(img_name)
                # 将数据保存到对应的文件夹
                img = Image.open(images_path + '/' + img_name)
                img.save(create_image_path + '/train_images' + '/' + s + '/' + img_name)
```

对测试集数据提取,提取过程判断文件夹存在则跳过,不存在则创建,再保存起来。测试集数据提取代码如下:

```
    for s in train_data.columns[1:]:         # 遍历标签: s 是对应的标签
        # print(s)
        # 创建标签对应的文件夹
        fill_if_2 = os.path.exists(create_image_path + '/train_images' + '/' + s)   # 判断文件夹是否存在
        if fill_if_2 = = False:               # 判断,如果文件夹存在则跳过,不存在则创建
            mak_file = os.mkdir(create_image_path + '/train_images' + '/' + s)  # 创建标签文件夹
        list_image_label = []                 # 创建 label 的空列表

        for i in train_data[s]:               # 遍历每一个标签里的对应数据
            list_image_label.append(i)        # 将数据添加到列表里
        # print(list_image_label)
        dic_name_health = dict(zip(list_image_id,list_image_label))    # 创建 image 对应
label 的字典,格式为{'name':label,}
        # print(dic_name_health)
        for i,j in dic_name_health.items():   # 遍历字典并返回 i = name , j = 标签的值
            # print(i,j)
            if j = = 1:                        # 判断数据的标签是否为 1
                img_name = i + '.jpg'          # i 为标签对应的 name
                # print(img_name)
                # 将数据保存到对应的文件夹
                img = Image.open(images_path + '/' + img_name)
                img.save(create_image_path + '/train_images' + '/' + s + '/' + img_name)
```

将数据中的部分数据划分到验证集中,代码如下:

```
    import os
    import shutil
    import tqdm
    val_num = 0.2              # 从 train 数据集中分出 x% 的数据到 val 中
    create_val_image_path = './data_new'
    img = './data_new/train_images/'

    fill_if_2 = os.path.exists(create_val_image_path + '/' + 'val_images')   # 判断文件夹是否存在
```

```
    if fill_if_2 == False:    # 判断,如果文件夹存在则跳过,不存在则创建
        mak_file = os.mkdir(create_val_image_path + '/' + 'val_images')    # 创建标签文件夹

    img_label_list = os.listdir(img)
    for i in img_label_list:
        fill_if_2 = os.path.exists(create_val_image_path + '/' + 'val_images' + '/' + i)    # 判断文件夹是否存在
        if fill_if_2 == False:    # 判断,如果文件夹存在则跳过,不存在则创建
            mak_file = os.mkdir(create_val_image_path + '/' + 'val_images' + '/' + i)    # 创建标签文件夹
        img_path = img + i
        img_list = os.listdir(img_path)
        # print(img_list)
        val_ = int(len(img_list) * val_num)
        for j in tqdm.tqdm(range(val_)):
            shutil.move(img + i + '/' + img_list[0], create_val_image_path + '/' + 'val_images' + '/' + i)
            img_list.remove(img_list[0])
```

2. 构建神经模型

(1) 导入需要用到的库,对数据路径进行定义,查看数据类别。构建模型代码如下:

```
import os
import shutil
import tqdm
val_num = 0.2        # 从train数据集中分出x%的数据到val中
create_val_image_path = './data_new'
img = './data_new/train_images/'

fill_if_2 = os.path.exists(create_val_image_path + '/' + 'val_images')    # 判断文件夹是否存在
    if fill_if_2 == False:    # 判断,如果文件夹存在则跳过,不存在则创建
        mak_file = os.mkdir(create_val_image_path + '/' + 'val_images')    # 创建标签文件夹

    img_label_list = os.listdir(img)
    for i in img_label_list:
        fill_if_2 = os.path.exists(create_val_image_path + '/' + 'val_images' + '/' + i)    # 判断文件夹是否存在
        if fill_if_2 == False:    # 判断,如果文件夹存在则跳过,不存在则创建
            mak_file = os.mkdir(create_val_image_path + '/' + 'val_images' + '/' + i)    # 创建标签文件夹
        img_path = img + i
        img_list = os.listdir(img_path)
        # print(img_list)
        val_ = int(len(img_list) * val_num)
        for j in tqdm.tqdm(range(val_)):
            shutil.move(img + i + '/' + img_list[0], create_val_image_path + '/' + 'val_images' + '/' + i)
            img_list.remove(img_list[0])
```

(2) 设置神经模型参数,并查看本次数据大小。设置参数代码如下:

```
model_name = 'model_224_150.h5'      # 给模型命名,以 h5 为后缀
class_num = 4                         # 类别的个数
epoch = 150                           # 训练的轮数
batch = 20                            # 批次大小
resize_img = (224, 224)               # 图片送入网络的大小
class_mode = 'sparse'                 # 返回的格式:categorical 是返回 2D 的 one-hot 编码标签,binary 是返回 1D 的二值标签,sparse 返回 1D 的整数标签,None 不返回任何标签,仅生成数据
activation = 'softmax'                # 激活函数设置
loss = 'sparse_categorical_crossentropy'
train_epoch_batch = 100               # 训练过程中,每个 epoch 使用的 batch 数量是 100
val_epoch_batch = 50                  # 验证过程中,每个 epoch 使用的 batch 数量是 50

# 训练集,得到数据存放的文件夹
train_healthy_dir = os.path.join(train_dir,'healthy')
train_multiple_diseases_dir = os.path.join(train_dir,'multiple_diseases')
train_rust_dir = os.path.join(train_dir,'rust')
train_scab_fir = os.path.join(train_dir,'scab')
# 判断数据集的大小
print('train_healthy_dir:',len(os.listdir(train_healthy_dir)))
print('train_multiple_diseases_dir:',len(os.listdir(train_multiple_diseases_dir)))
print('train_rust_dir:',len(os.listdir(train_rust_dir)))
print('train_scab_fir:',len(os.listdir(train_scab_fir)))
# 验证集
validation_healthy_dir = os.path.join(validation_dir,'healthy')
validation_multiple_diseases_dir = os.path.join(validation_dir,'multiple_diseases')
validation_rust_dir = os.path.join(validation_dir,'rust')
validation_scab_dir = os.path.join(validation_dir,'scab')
# 判断数据集的大小
print('validation_healthy_dir:',len(os.listdir(validation_healthy_dir)))
print('validation_multiple_diseases_dir:',len(os.listdir(validation_multiple_diseases_dir)))
print('validation_rust_dir:',len(os.listdir(validation_rust_dir)))
print('validation_scab_dir:',len(os.listdir(validation_scab_dir)))
```

(3) 对数据进行预处理,代码如下:

```
# 数据预处理,对数据进行归一化到【0-1】之间进行数据增强
train_datagen = ImageDataGenerator(rescale=1./255,      # 归一化
                                    rotation_range=40,      # 旋转图片
                                    width_shift_range=0.2,  # 改变图片的宽
                                    height_shift_range=0.2, # 改变图片的高
                                    shear_range=0.2,        # 裁剪图片
                                    zoom_range=0.2,         # 缩放图片大小
                                    horizontal_flip=True,   # 平移图片
                                    fill_mode='nearest'
                                    )
```

```python
# 测试集处理
test_datagen = ImageDataGenerator(rescale = 1. / 255)

# 得到迭代器
train_generator = train_datagen.flow_from_directory(
    train_dir,                  # 文件夹路径
    target_size = resize_img,   # 指定resize的大小,需要和神经网络指定的图片大小相同
    batch_size = batch,         # 批次的大小:每一次拿出20个数据送入到网络训练
    class_mode = class_mode     # 返回的格式:categorical是返回2D的one-hot编码标签,
binary是返回1D的二值标签,sparse返回1D的整数标签,None不返回任何标签,仅生成数据
)

validation_generator = test_datagen.flow_from_directory(
    validation_dir,
    target_size = resize_img,
    batch_size = batch,
    class_mode = class_mode
)
```

(4)根据CNN模型,开始构建卷积神经模型,代码如下:

```python
# Output shape 计算公式:输入尺寸 - 卷积核尺寸/步长 + 1
# 对CNN模型,Param的计算方法如下:
# (卷积核长度 * 卷积核宽度 * 通道数 + 1) * 卷积核个数
# 输出图片尺寸:224 - 3 + 1 = 222
model = tf.keras.models.Sequential([
    # 32个3*3的卷积核        relu激活函数        输入图像的大小
    # 32* 3* 3* 3 + 32 = 896
    tf.keras.layers.Conv2D(32, (3, 3), activation = 'relu', input_shape = (224, 224, 3)),
    tf.keras.layers.MaxPooling2D(2, 2),    # 最大池化层2*2 把 h和w变成原来的1/2

    # 64* 3* 3* 32 + 64 = 18496
    tf.keras.layers.Conv2D(64, (3, 3), activation = 'relu'),
    tf.keras.layers.MaxPooling2D(2, 2),

    # 128* 3* 3* 64 + 128 = 73856
    tf.keras.layers.Conv2D(128, (3, 3), activation = 'relu'),
    tf.keras.layers.MaxPooling2D(2, 2),

    # 128* 3* 3* 128 + 128 = 147584
    tf.keras.layers.Conv2D(128, (3, 3), activation = 'relu'),
    tf.keras.layers.MaxPooling2D(2, 2),

    # 把数据拉平输入全连接层
    tf.keras.layers.Flatten(),
    # 全连接层
    #(18432 + 1)* 512 = 9437696
    tf.keras.layers.Dense(512, activation = 'relu'),   # 512是输出特征大小
    tf.keras.layers.Dropout(0.4),
```

```
    #(512 +1)* 512 =262656
    tf.keras.layers.Dense(512, activation = 'relu'),
    tf.keras.layers.Dropout(0.4),
    # 二分类用 sigmoid,1 代表得到一个值
    #(512 +1)* 4 =2052
    tf.keras.layers.Dense(class_num, activation = activation)
])
#看特征图的维度如何随着每层变化
model.summary()
```

(5)配置训练器,对模型进行训练并保存,代码如下:

```
# 配置训练器
model.compile(loss = loss,
              optimizer = Adam(lr = 0.001),
              metrics = ['acc'])
# 因为 fit 直接训练不能把所有的数据全部放入内存中,所以使用 fit_generator 相当于一个生成
器,动态地把所有的数据以 batch 的形式放入内存
history = model.fit_generator(
    train_generator,
    steps_per_epoch = train_epoch_batch,    # 这个地方需要计算
    epochs = epoch,                          # 训练轮数
    validation_data = validation_generator,
    validation_steps = val_epoch_batch,     # 这个地方需要计算
#    verbose = 2
)
model.save('./models/' + model_name)
```

(6)根据训练的结果,绘制训练和验证准确率图如图 8-1 所示,训练和验证损失值图如图 8-2 所示。

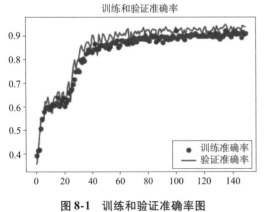

图 8-1　训练和验证准确率图

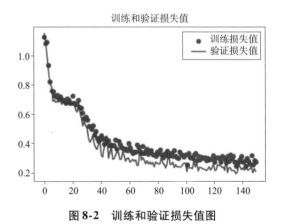

图 8-2　训练和验证损失值图

(7)对准确率与损失值进行绘制,生成图代码如下:

```
acc = history.history['acc']
val_acc = history.history['val_acc']
loss = history.history['loss']
val_loss = history.history['val_loss']
```

```python
epochs = range(len(acc))

plt.plot(epochs, acc, 'o', label = 'Training accuracy')
plt.plot(epochs, val_acc, 'r', label = 'Validation accuracy')
plt.title("Training and Validation accuracy")
plt.legend()

plt.figure()

plt.plot(epochs, loss, 'o', label = 'Training accuracy')
plt.plot(epochs, val_loss, 'r', label = 'Validation accuracy')
plt.title("Training and Validation loss")
plt.legend()
plt.show()
```

以下是完整代码：

```python
import pandas as pd
from PIL import  Image
import os
import shutil
import tqdm
import matplotlib.pyplot as plt
# 传入数据路径
data_csv_path = './train.csv'              # 分类的数据
images_path = './images'                    # 原图片路径
create_image_path = './data_new'            # 文件夹的相对路径,文件夹会在同级目录下创建
val_num = 0.2        # 从 train 数据集中分出 x% 的数据到 val 中


train_data = pd.read_csv(data_csv_path)    # 将 train 数据用 pandas 导入
train_data = pd.DataFrame(train_data)      # 将数据转换成 DataFrame 格式
# 查看数据 train.csv   1821 行 * 5 列
# print(train_data)
# 创建数据文件夹,后面要把整理好的图片分成 train test val 与其对应的标签保存起来
fill_if = os.path.exists(create_image_path + '/train_images')
print("检查是否存在文件夹")
if fill_if == False:                        # 判断文件夹是否存在,存在则跳过,不存在则创建
    os.mkdir(create_image_path + '/train_images')  # 创建一个名为 data_images 的文件夹
    print('创建成功')# 判断是否创建成功

# 遍历图片的名称并保存为列表格式
list_image_id = []                          # 创建 image_name 的列表
for i in train_data['image_id']:            # 遍历 image_id
    list_image_id.append(i)                 # 将 image_id 保存到列表里


# print(list_image_id)
# 遍历所有标签与其对应的数据并创建 name 与 label 对应的字典
for s in train_data.columns[1:]:            # 遍历标签: s 是对应的标签
    # print(s)
```

```python
        # 创建标签对应的文件夹
        fill_if_2 = os.path.exists(create_image_path + '/train_images' + '/' + s)    # 判断文件夹是否存在
        if fill_if_2 == False:    # 判断,如果文件夹存在则跳过,不存在则创建
            mak_file = os.mkdir(create_image_path + '/train_images' + '/' + s)    # 创建标签文件夹
        list_image_label = []                         # 创建label的空列表

        for i in train_data[s]:                       # 遍历每一个标签里的对应数据
            list_image_label.append(i)                # 将数据添加到列表里
        # print(list_image_label)
        dic_name_health = dict(zip(list_image_id, list_image_label))    # 创建image对应label的字典,格式为{'name':label,}
        # print(dic_name_health)
        for i,j in dic_name_health.items():    # 遍历字典并返回 i = name , j = 标签的值
            # print(i,j)
            if j == 1:                         # 判断,数据的标签是否为1
                # print(i,j)                   # i 为标签对应的 name
                img_name = i + '.jpg'
                # print(img_name)
                # 将数据保存到对应的文件夹
                img = Image.open(images_path + '/' + img_name)
                img.save(create_image_path + '/train_images' + '/' + s + '/' + img_name)
# 测试集数据提取
    fill_if_test = os.path.exists(create_image_path + '/test_images')        # 判断文件夹是否存在
    if fill_if_test == False:                         # 判断,如果文件夹存在则跳过,不存在则创建
        print(fill_if_test)
        mak_file = os.mkdir(create_image_path + '/test_images')    # 创建标签文件夹
    for i in os.listdir(images_path):                 # 遍历 images 文件夹下的数据
        if i[:4] == 'Test':                           # 判断数据前4个字符是否为 Test,将 test 的数据保存起来
            # 将数据保存到对应的文件夹
            img = Image.open(images_path + '/' + i)
            img.save(create_image_path + '/test_images' + '/' + i)
import os
import shutil
import tqdm
val_num = 0.2                                         # 从 train 数据集中分出 x% 的数据到 val 中
create_val_image_path = './data_new'
img = './data_new/train_images/'


fill_if_2 = os.path.exists(create_val_image_path + '/' + 'val_images')    # 判断文件夹是否存在
if fill_if_2 == False:                                # 判断,如果文件夹存在则跳过,不存在则创建
    mak_file = os.mkdir(create_val_image_path + '/' + 'val_images')    # 创建标签文件夹

img_label_list = os.listdir(img)
```

```python
    for i in img_label_list:
        fill_if_2 = os.path.exists(create_val_image_path + '/' + 'val_images' +'/' + i)    # 判断文件夹是否存在
        if fill_if_2 == False:    # 判断,如果文件夹存在则跳过,不存在则创建
            mak_file = os.mkdir(create_val_image_path + '/' + 'val_images' +'/' + i)
# 创建标签文件夹
        img_path = img + i
        img_list = os.listdir(img_path)
        # print(img_list)
        val_ = int(len(img_list) * val_num)
        for j in tqdm.tqdm(range(val_)):
            shutil.move(img + i + '/' + img_list[0], create_val_image_path + '/' + 'val_images' + '/' + i)
            img_list.remove(img_list[0])


"""--------------------开始构建--------------------"""
# 导入需要用到的库
import os
import tensorflow as tf
from tensorflow.keras.optimizers import Adam
from keras_preprocessing.image import ImageDataGenerator
import matplotlib.pyplot as plt


"""--------------------指定数据路径--------------------"""
# 指定好数据集
base_dir = './data_new'                                           # 存放所有数据的位置
train_dir = os.path.join(base_dir, 'train_images')                # 指定训练数据的位置
# print(os.listdir(train_dir))                                    # 查看数据类别
validation_dir = os.path.join(base_dir, 'val_images')   # 指定验证数据的位置


"""--------------------参数设置--------------------"""
model_name = 'model_224_150_1.h5'    # 给模型命名,以 h5 为后缀
class_num = 4          # 类别的个数
epoch = 150            # 训练的轮数
batch = 20             # 批次大小
resize_img = (224, 224)    # 图片送入网络的大小
class_mode = 'sparse'       # 返回的格式:categorical 是返回 2D 的 one-hot 编码标签,
binary 是返回 1D 的二值标签,sparse 返回 1D 的整数标签,None 不返回任何标签,仅生成数据
activation = 'softmax'    # 激活函数设置
loss = 'sparse_categorical_crossentropy'
train_epoch_batch = 100    # 训练过程中,每个 epoch 使用的 batch 数量是 100
val_epoch_batch = 50       # 验证过程中,每个 epoch 使用的 batch 数量是 50

## 训练集,得到数据存放的文件夹
# train_healthy_dir = os.path.join(train_dir,'healthy')
# train_multiple_diseases_dir = os.path.join(train_dir,'multiple_diseases')
# train_rust_dir = os.path.join(train_dir,'rust')
# train_scab_fir = os.path.join(train_dir,'scab')
```

```python
    ##判断数据集的大小
    # print('train_healthy_dir:',len(os.listdir(train_healthy_dir)))
    # print('train_multiple_diseases_dir:',len(os.listdir(train_multiple_diseases_
dir)))
    # print('train_rust_dir:',len(os.listdir(train_rust_dir)))
    # print('train_scab_fir:',len(os.listdir(train_scab_fir)))
    ##验证集
    # validation_healthy_dir = os.path.join(validation_dir,'healthy')
    # validation_multiple_diseases_dir = os.path.join(validation_dir,'multiple_
diseases')
    # validation_rust_dir = os.path.join(validation_dir,'rust')
    # validation_scab_dir = os.path.join(validation_dir,'scab')
    ##判断数据集的大小
    # print('validation_healthy_dir:',len(os.listdir(validation_healthy_dir)))
    # print('validation_multiple_diseases_dir:',len(os.listdir(validation_multiple_
diseases_dir)))
    # print('validation_rust_dir:',len(os.listdir(validation_rust_dir)))
    # print('validation_scab_dir:',len(os.listdir(validation_scab_dir)))

    # 数据预处理,对数据进行归一化到【0-1】之间进行数据增强
    """--------------------数据处理--------------------"""

    train_datagen = ImageDataGenerator(rescale=1. / 255,        # 归一化
                                       rotation_range=40,        # 旋转图片
                                       width_shift_range=0.2,    # 改变图片的宽
                                       height_shift_range=0.2,   # 改变图片的高
                                       shear_range=0.2,          # 裁剪图片
                                       zoom_range=0.2,           # 缩放图片大小
                                       horizontal_flip=True,     # 平移图片
                                       fill_mode='nearest'
                                       )
    # 测试集处理
    test_datagen = ImageDataGenerator(rescale=1. / 255)

    # 得到迭代器
    train_generator = train_datagen.flow_from_directory(
        train_dir,                  # 文件夹路径
        target_size=resize_img,     # 指定resize的大小,需要和神经网络指定的图片大小相同
        batch_size=batch,           # 批次的大小:每一次拿出20个数据送入网络训练
        class_mode=class_mode       # 返回的格式:categorical是返回2D的one-hot编码标签,
binary是返回1D的二值标签,sparse返回1D的整数标签,None不返回任何标签,仅生成数据
    )
    validation_generator = test_datagen.flow_from_directory(
        validation_dir,
        target_size=resize_img,
        batch_size=batch,
        class_mode=class_mode
    )
```

```python
"""------------------构建卷积神经模型-----------------"""
#Output shape 计算公式:(输入尺寸 - 卷积核尺寸/步长 +1
#对 CNN 模型,Param 的计算方法如下:
#卷积核长度* 卷积核宽度* 通道数 +1)* 卷积核个数
#输出图片尺寸:224 - 3 + 1 = 222
model = tf.keras.models.Sequential([
    #32 个 3* 3 的卷积核          relu 激活函数              输入图像的大小
    # 32* 3* 3* 3 +32 = 896
    tf.keras.layers.Conv2D(32, (3, 3), activation = 'relu', input_shape = (224, 224, 3)),
    tf.keras.layers.MaxPooling2D(2, 2),   #最大池化层 2* 2 把 h 和 w 变成原来的 1/2

    #64* 3* 3* 32 + 64 = 18496
    tf.keras.layers.Conv2D(64, (3, 3), activation = 'relu'),
    tf.keras.layers.MaxPooling2D(2, 2),

    #128* 3* 3* 64 + 128 = 73856
    tf.keras.layers.Conv2D(128, (3, 3), activation = 'relu'),
    tf.keras.layers.MaxPooling2D(2, 2),

    #128* 3* 3* 128 + 128 = 147584
    tf.keras.layers.Conv2D(128, (3, 3), activation = 'relu'),
    tf.keras.layers.MaxPooling2D(2, 2),

    # 把数据拉平输入全连接层
    tf.keras.layers.Flatten(),
    # 全连接层
    #(18432 +1)* 512 = 9437696
    tf.keras.layers.Dense(512, activation = 'relu'),   # 512 是输出特征大小
    tf.keras.layers.Dropout(0.4),
    #(512 +1)* 512 = 262656
    tf.keras.layers.Dense(512, activation = 'relu'),
    tf.keras.layers.Dropout(0.4),
    # 二分类用 sigmoid,1 代表得到一个值
    #(512 +1)* 4 = 2052
    tf.keras.layers.Dense(class_num, activation = activation)
])
# 特征图的维度变化
# model.summary()

"""---------------------提取样本,查看特征--------------------"""
# 从测试集中读取一条样本

from keras.preprocessing import image
img_path = "./data_new/train_images/rust/Train_1624.jpg"
import numpy as np
img = image.load_img(img_path, target_size = (224,224))
img_tensor = image.img_to_array(img)
img_tensor = np.expand_dims(img_tensor, axis = 0)
```

```python
img_tensor /= 255.
# 显示样本
import matplotlib.pyplot as plt
plt.imshow(img_tensor[0])
plt.show()
# 激活特征
from keras import models
layer_outputs = [layer.output for layer in model.layers[:8]]
activation_model = tf.keras.models.Model(inputs = model.input, outputs = layer_outputs)
# 获得该样本的特征图
activations = activation_model.predict(img_tensor)
# 使用激活模型对输入张量进行预测,获取中间层的激活输出
import matplotlib.pyplot as plt
first_layer_activation = activations[0]
# 存储层的名称
layer_names = []
for layer in model.layers[:4]:
    layer_names.append(layer.name)
# 每行显示16个特征图
images_pre_row = 16   # 每行显示的特征图数
# 循环8次显示8层的全部特征图
for layer_name, layer_activation in zip(layer_names, activations):
    n_features = layer_activation.shape[-1]    # 保存当前层的特征图个数
    size = layer_activation.shape[1]           # 保存当前层特征图的宽高
    n_col = n_features // images_pre_row       # 计算当前层显示多少行
    # 生成显示图像的矩阵
    display_grid = np.zeros((size* n_col, images_pre_row* size))
    # 遍历,将每个特征图的数据写入显示图像的矩阵中
    for col in range(n_col):
        for row in range(images_pre_row):
            # 保存该张特征图的矩阵(size,size,1)
            channel_image = layer_activation[0,:,:,col* images_pre_row + row]
            # 为使图像显示更鲜明,做一些特征处理
            channel_image -= channel_image.mean()
            channel_image /= channel_image.std()
            channel_image *= 64
            channel_image += 128
            # 把该特征图矩阵中不在0-255的元素值修改至0-255
            channel_image = np.clip(channel_image, 0, 255).astype("uint8")
            # 该特征图矩阵填充至显示图像的矩阵中
            display_grid[col* size:(col +1)* size, row* size:(row +1)* size] = channel_image
    scale = 1./size
    # 设置该层显示图像的宽高
    plt.figure(figsize =(scale* display_grid.shape[1],scale* display_grid.shape[0]))
    plt.title(layer_name)
    plt.grid(False)
    # 显示图像
```

```python
        plt.imshow(display_grid, aspect = "auto", cmap = "viridis")
plt.show()

# 配置训练器
model.compile(loss = loss,
              optimizer = Adam(lr = 0.001),
              metrics = ['acc'])

""" --------------------训练模型并保存--------------------"""
# 因为fit直接训练不能把所有的数据全部放入内存中,所以使用fit_generator,相当于一个生成
# 器,动态地把所有的数据以batch的形式放入内存
history = model.fit_generator(
    train_generator,
    steps_per_epoch = train_epoch_batch,    # 这个地方需要计算
    epochs = epoch,                          # 训练轮数
    validation_data = validation_generator,
    validation_steps = val_epoch_batch,      # 这个地方需要计算
#     verbose = 2
)
model.save('./models/' + model_name)         # 保存模型

# 对准确率与损失值进行画图
acc = history.history['acc']
val_acc = history.history['val_acc']
loss = history.history['loss']
val_loss = history.history['val_loss']

epochs = range(len(acc))

plt.plot(epochs, acc, 'o', label = 'Training accuracy')
plt.plot(epochs, val_acc, 'r', label = 'Validation accuracy')
plt.title("Training and Validation accuracy")
plt.legend()

plt.figure()

plt.plot(epochs, loss, 'o', label = 'Training accuracy')
plt.plot(epochs, val_loss, 'r', label = 'Validation accuracy')
plt.title("Training and Validation loss")
plt.legend()
plt.show()

""" --------------------测试模型并保存结果--------------------"""
import tensorflow as tf
import pandas as pd
import os
import matplotlib.pyplot as plt
import numpy as np
from keras.preprocessing import image
```

```python
import csv
frame = pd.DataFrame()
"""这里修改参数"""
# 定义图片路径
img_path = 'data_new/test_images/'    # 图片存放文件夹的路径最后要以"/"结尾
model_name = 'models/model_224_150.h5'        # 传入模型
img_list = os.listdir(img_path)   # 图片的名字的列表
all_img = len(img_list)
# 数据提取器    这里输入对应的数字可以提取对应数量的图片
img_num = all_img              # 这里输入 all_img 可以把所有的图片都送入网络中
class_list = ['healthy', 'multiple_diseases', 'rust', 'scab']   # 数据对应的类别标签
"""这里修改参数"""
# 加载模型
model = tf.keras.models.load_model(model_name)  # 加载模型到预测文件
# model.summary()   # As a reminder.
# 创建空 csv 文件
frame.to_csv('predict_result.csv', index=False, sep=',')
with open('predict_result.csv', 'w') as csvfile:
    # 先写入 columns_name
    writer = csv.writer(csvfile)
    writer.writerow(['image_id', 'healthy', 'multiple_diseases', 'rust', 'scab'])
    # 这里写入 csv 文件的列名, 分别为图像 ID 和分类标签(健康、多种病害、锈病、疮痂病)
    writer = csv.writer(csvfile)

    for i in img_list[:img_num]:   # 遍历文件夹里的图片
        img = img_path + i   # 得到图片的相对路径
        img_resize = image.load_img(img, target_size=(224, 224))   # 加载图片并 resize 成(224*224)的格式
        img_array = image.img_to_array(img_resize)    # 转换成数组
        img_tensor = np.expand_dims(img_array, axis=0)
        img_input = img_tensor / 255               # 归一化到 0-1 之间
        outputs = model.predict(img_input)         # 获取图片信息
        outputs = outputs[0]                       # 获取预测得到概率列表
        max_class = max(outputs)                   # 获得预测的最大的概率值
#       print(max_class)
        class_dict = dict([i for i in zip(class_list, outputs)])    # 得到标签和预测的概率字典

        print("测试结果每个概率为:", class_dict)        # 输出全部标签
#       print(outputs, outputs[0], i[:-4])
        print("测试结果概率最高的为:", max_class)
        # 往 csv 文件里写入数据
        writer.writerow([f'{i[:-4]}', outputs[0], outputs[1], outputs[2], outputs[3]])

        """--------展示图片--------"""
        # 获取预测概率最大的数据的标签
        for k,v in class_dict.items():                    # 遍历标签与概率的字典,返回对应的 k,v
            if v == max_class:                            # 判断最大的概率并得到标签
                print("测试叶片结果为:", k)                # 打印最大的概率
```

```
        plt.imshow(img_input[0])
        plt.title(f'{k}')
        plt.show()

csvfile.close()    #关闭 csv 文件
```

3. 测试模型,输出结果

载入训练完的模型,取出测试文件夹中的图片(见图 8-3 ~ 图 8-5),进行测试,可选择测试文件夹中所有的图片,也可以固定测试几张图片。输出图片的测试结果,每种类别的概率,并将测试完的结果保存成 csv 文件。

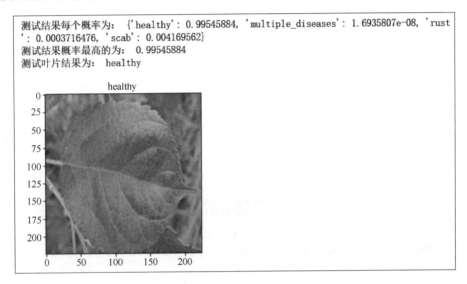

图 8-3 健康叶片

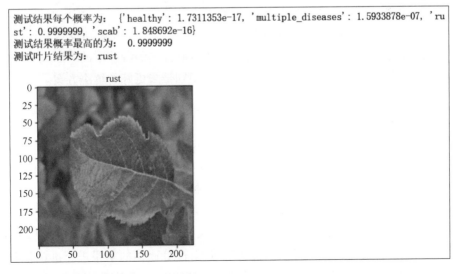

图 8-4 病害叶片

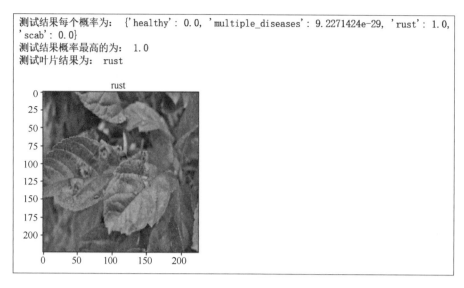

图 8-5　严重病害叶片

以上为测试结果,测试出的结果大多接近 0.99,输出符合构建模型的预期。输出了每个类别的概率,最高概率为多少,最终模型输出结果是什么病害。

8.4　复杂环境下的苹果识别

8.4.1　复杂环境下苹果识别的背景介绍

在国内外,苹果识别技术正逐渐成熟,但在复杂环境下的应用仍面临挑战。国内外学术界和工业界普遍关注如何提升苹果识别在复杂环境下的性能。国外研究机构和企业在苹果识别领域开展了许多前沿研究,涉及深度学习、计算机视觉和传感技术,尝试解决遮挡、不同天气条件下的苹果识别问题。同时,国内也有不少研究团队和企业在苹果识别技术上进行探索和实践,积极应用图像处理、机器学习等方法来提升识别准确性。随着技术的不断进步和研究的深入,相信在未来会有更多突破,为复杂环境下的苹果识别带来更好的解决方案。

8.4.2　基于深度学习的复杂环境下的苹果识别

基于深度学习的目标检测模型 RT-DETTR(Real-Time Detection Transformer)在复杂环境下的苹果识别任务中展现出了强大的性能。RT-DETTR 结合了 Transformer 架构和目标检测技术,能够有效处理遮挡、不同天气情况下的苹果识别挑战。在复杂环境中,苹果的识别需要考虑到光照变化、背景干扰、遮挡等因素。RT-DETTR 借助 Transformer 的自注意力机制,可以在不同光照条件下捕捉苹果的特征信息,有效区分苹果与背景干扰。同时,RT-DETTR 能够在处理遮挡情况时,通过多层次的特征提取和关联学习,对部分遮挡的苹果进行准确检测和定位。在不同天气条件下,RT-DETTR 能够适应光照变化和环境干扰,提高苹果识别的鲁棒性。通过大规模数据的训练和模型优化,RT-DETTR 在复杂环境下的苹果识别任务中表现出色,为智能农业、水果识别等应用领域提供了可靠的解决方案。此外,RT-DETTR 作为一种实时目标检测模型,还具备快速、准确的特点,能够在复杂环境中实现高效的苹果识别。随着深度学习技术的不断演进,RT-DETTR 和类似模型的应用前景广阔,将为复杂环境下的苹果识别提供更多可能性和机会。

1. 数据集分析处理

从网上查找苹果的公开数据集,或者从苹果园拍摄制作自己的数据集。使用 Labelme 框出要识别的苹果,按比例 7:2:1 划分成训练集、验证集、测试集。将得到的标签文件从 json 格式转换到 txt 格式。转换代码如下:

```python
import json
import os
name2id = {'apple':0}    #具体数据集类别
def convert(img_size, box):
    dw = 1.0 / img_size[0]
    dh = 1.0 / img_size[1]
    x = (box[0] + box[2]) / 2.0 - 1
    y = (box[1] + box[3]) / 2.0 - 1
    w = box[2] - box[0]
    h = box[3] - box[1]
    x = x * dw
    w = w * dw
    y = y * dh
    h = h * dh
    return x, y, w, h
def decode_json(json_folder_path, json_name):
    txt_name = 'txt/' + json_name[0:-5] + '.txt'
    txt_file = open(txt_name, 'w')
    json_path = os.path.join(json_folder_path, json_name)
    try:
        with open(json_path, 'r', encoding = 'utf-8') as file:
            data = json.load(file)
    except FileNotFoundError:
        print(f"文件 {json_path} 未找到.")
        return
    img_w = data['imageWidth']
    img_h = data['imageHeight']
    for shape in data['shapes']:
        label_name = shape['label']
        if shape['shape_type'] == 'rectangle':
            x1, y1, x2, y2 = map(int, shape['points'][0] + shape['points'][1])
            bbox = convert((img_w, img_h), (x1, y1, x2, y2))
            try:
                txt_file.write(str(name2id[label_name]) + " " + " ".join(map(str, bbox)) + '\n')
            except KeyError as e:
                print(f"在文件 {json_name} 中,标签名 {label_name} 不存在于字典 name2id 中.")
                continue
    txt_file.close()
```

```python
if __name__ == "__main__":
    json_folder_path = './VOCdevkit/Annotations'
    if not os.path.exists(json_folder_path):
        print("JSON 文件夹路径不存在.")
        exit()
    if not os.path.exists('./VOCdevkit/txt'):
        os.makedirs('./VOCdevkit/txt')
    json_names = os.listdir(json_folder_path)
    for json_name in json_names:
        if json_name.endswith('.json'):
            decode_json(json_folder_path, json_name)
```

2. 完整代码获取

由于该模型较大,请从 Github 上拉取。

3. 模型训练

模型使用的配置文件路径:ultralytics/cfg/models/rt-detr/rtdetr-r18.yaml,模型类型为 RT-DETR,具体使用的是 rtdetr-r18 预定义配置。训练数据的路径:dataset/data.yaml,请确保该路径下包含训练所需的数据。

图像尺寸:imgsz = 640,训练过程中输入图像的尺寸为 640×640 像素。

训练周期数:epochs = 400,训练循环的总次数为 400。

批量大小:batch = 4,每个批次包含 4 个样本。

工作线程数:workers = 4,用于数据加载的工作线程数量为 4。

训练设备:device = '0',模型将在设备 0(一般为 GPU)上进行训练。具体代码如下:

```python
import warnings
warnings.filterwarnings('ignore')
from ultralytics import RTDETR
if __name__ == '__main__':
    model = RTDETR('ultralytics/cfg/models/rt-detr/rtdetr-r18.yaml')
    # model.load('') # loading pretrain weights
    model.train(data = 'dataset/data.yaml',
                cache = False,
                imgsz = 640,
                epochs = 400,
                batch = 4,
                workers = 4,
                device = '0',
                # resume = '', # last.pt path
                project = 'runs/train',
                name = 'exp',
                )
```

4. 预测结果

训练完成后使用训练生成的最好权重进行图片预测,预测结果如图 8-6 所示。

图 8-6　复杂环境下苹果的预测结果

以上为预测结果,几乎不存在漏检错检的情况。

小　　结

深度学习是机器学习的一个分支,它模仿人脑神经网络的结构和工作原理,通过多层次的神经网络来解决复杂的问题。深度学习的主要特点是利用大规模数据和强大的计算能力来训练神经网络,以获取高度抽象和表达能力强的特征,从而实现自动化的模式识别和决策。主流的深度学习算法包括卷积神经网络、循环神经网络、长短时记忆网络和生成对抗网络等。卷积神经网络是深度学习中最常用的算法之一,它在处理图像和语音等数据时具有很强的模式识别能力。CNN 通过多层卷积层和池化层来提取图像的特征,并通过全连接层进行分类或回归。循环神经网络是一种具有记忆功能的神经网络结构,能够处理序列数据,如文本或时间序列。RNN 通过在网络中引入循环连接,从而使网络能够处理不定长的序列数据,并根据上下文信息作出预测。长短时记忆网络是一种特殊的 RNN 变体,它通过引入门控机制来解决传统 RNN 在长序列数据处理中的梯度消失和梯度爆炸的问题。LSTM 网络通过选择性地遗忘和存储信息,使得网络可以学习和记忆长期依赖关系。生成对抗网络是由生成器和判别器两个网络构成的对抗性框架。生成器网络通过学习数据分布来生成逼真的样本,而判别器网络则试图区分生成的样本和真实样本。生成器和判别器在对抗的过程中不断优化,最终生成器能够生成与真实样本相似的合成样本。

苹果叶片病害是影响苹果产量和质量的重要因素,准确的病害识别可以帮助农民及时采取措施进行治疗和防治。深度学习算法在苹果叶片病害识别方面具有很大的潜力。针对苹果叶片病害识别问题,可以利用卷积神经网络来提取叶片图像的特征,然后通过训练分类器进行识别。首先,收集一定数量的苹果叶片图像数据,对其进行预处理,包括图像增强和裁剪等操作。然后,构建一个卷积神经网络模型,包括多个卷积层和池化层,用于提取叶片图像的特征。接下来,利用收集的数据集对模型进行训练,使用反向传播算法来调整网络的权重和偏差。在训练完成后,通过输入新的未知叶片图像,利用训练好的模型进行识别并输出病害种类。此外,还可以考虑使用迁移学习的方法。迁移学习通过利用在其他领域训练好的模型,将其应用于目标问题,从而加快模型的训练速度和提高识别准确率。可以选择在大规模图像数据上进行预训练的卷积神经网络模型,将其作为特征提取器,并在苹果叶片病害数据集上进行微调。综上所述,苹果叶片病害识别检测可以通过深度学习算法中的卷积神经网络来实现。通过收集和预处理叶片图像数据,构建和训练卷积神经网络模型,并加入适当的迁移学习方法,可以实现准确识别苹果叶片病害的目标。这将有助于农民及时采取治疗措施,提高苹果产量和质量。

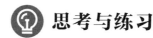 思考与练习

一、选择题

1. 在使用深度学习进行苹果叶片病害识别时,以下方法中可以帮助提高模型的泛化能力的是(   )。

    A. 减少模型的层数　　　　　　　　B. 增加训练数据的量
    C. 使用更复杂的模型　　　　　　　D. 降低学习率

2. 在处理苹果叶片病害识别的深度学习模型时,通常(   )的数据增强技术效果不错。

    A. 旋转和翻转图像　　　　　　　　B. 改变图像的分辨率
    C. 改变图像的文件格式　　　　　　D. 压缩图像大小

3. 对于苹果叶片病害识别任务,过拟合可能会发生在(   )阶段。

    A. 训练初期　　　B. 训练过程中　　　C. 训练结束后　　　D. 测试阶段

二、填空题

1. 在深度学习中,通过多层_____可以进行特征的自动提取和学习。
2. 循环神经网络主要用于处理具有_____的数据。
3. 在图像分类任务中,通常采用_____层来作出最终的分类预测。
4. 为了防止深度学习模型过拟合,常用的方法之一是_____。
5. 深度学习中,数据的批标准化能够加速_____。

三、简答题

1. 说明深度学习在苹果叶片病害识别中的应用,并描述其对农业领域的意义。

2. 描述在苹果叶片病害识别任务中,如何使用深度学习模型处理不平衡数据集。

四、论述题

1. 探讨在苹果叶片病害识别中,深度学习方法与传统机器学习方法的主要区别与优势。
2. 分析在苹果叶片病害检测领域中,深度学习遇到的挑战及解决策略。

实　　训

综合实训:基于深度学习的苹果叶片病虫害智能识别系统开发。

【实训描述】

设计并开发一个基于深度学习的智能系统,用于准确识别苹果叶片上的各种病虫害。通过实训,学习者将掌握从数据采集、预处理、模型训练到评估和部署的全套流程。

【实训目标】

掌握深度学习在图像识别领域的应用,并通过实训理解如何将理论知识应用于解决实际农业问题,提高农作物病害管理的效率和精度。进一步深入理解和实践将图像处理和深度学习技术应用于农业领域的具体案例,为今后在相似领域的研究或工作奠定坚实基础。

【实训步骤】

(1)数据准备:收集并标注足够多的苹果叶片病虫害图像数据。
(2)图像预处理:执行如去背景、噪声去除、图像增强等步骤,准备用于训练的数据集。
(3)模型开发:选择并设计适合的深度学习模型架构,如卷积神经网络。
(4)训练与优化:使用预处理后的图像数据训练模型,并通过调整参数优化性能。
(5)评估与部署:评估模型的准确性和实用性,然后将其应用于实际的病虫害识别任务中。